新手小編生存手冊

# 第一次
做
# 小編
# 就上手

## 人氣社群「我係小編」
## 第一本教學聖經

數碼營銷及社交媒體界必讀 ✓
Web3時代必需擁有的小編技能 ✓
新手小編成功秘訣全公開 ✓

# 目錄 Contents

## Chapter 1：小編101

## Chapter 2：走入小編的華麗舞台

## Chapter 3：高互動爆紅內容鍊成術

# Chapter 8：20條新手小編常見問題

# Chapter 9：想做好小編呢份工？不斷打怪、升呢及技能解鎖！

# 作者自序一：
# 針對新手小編及想轉型朋友

幾年前同大編🙏成立「我係小編」，當時香港數碼營銷及社交媒體界，大部分都係課程、Agency或工具平台，相比起台灣及其他地方，香港缺乏呢方面嘅交流同知識分享。「我係小編」分享技巧同解答小編嘅問題，並提供互助、圍爐取暖嘅地方，好多品牌及Agency小編都睇「我係小編」成長，近年亦加入各種服務俾小編交流、搵人、搵工同搵合作。

一直都想將小編嘅基本知識同技巧寫成教學，令新手可有條理學習Facebook同Instagram嘅內容創作及經營技巧。有目標但欠缺行動力，今次機會嚟啦！飛雲！多謝出版社邀請及各方好友支持，終於完成「我係小編」第一本書，原本有好多內容想寫，但老土講句，由於篇幅有限，今次針對新手及想轉型數碼及社群營銷嘅朋友，如想學較深入嘅技巧及社群經營手法，可留意「我係小編」嘅社交平台及群組。希望將來會有第二次、第三次做小編系列，再跟大家講解更多做好小編呢份工要知嘅技巧。請大家繼續支持同加油啊！

**小編N**

# 作者自序二：
## 小編能力
## 在Web3時代愈來愈重要

序

唔經唔覺從事數碼營銷同社交媒體呢個唔新嘅「新行業」十幾年。
呢行日新月異，平台規則又成日變（平台唔一定會通知㗎），好多小編
都好努力咁跟。但遇到問題時，真係唔知可以搵乜人幫手…嗰種無助嘅
感覺，只有經歷過嘅小編先明白。

做agency同品牌方嘅小編，關注嘅重心又唔同，品牌方嘅小編通常都係
市務部阿哥阿姐下面嘅下面嘅小薯，要喺香港搵到合適渠道與同路人交
流更加難。

有見及此，我同小編N 喺2017年成立「我係小編」，希望透過呢個社
群，令唔同背景唔同階段嘅小編交流，分享知識，互相學習。

由開始到現在都係兼職做，從兩個人到依家兩萬個小編，都算係一個里
程碑。希望呢個小薯group，可以為業界帶嚟一啲助力。一個新行業要發
展，互助好重要。

多謝兩萬位小編呢幾年嘅互助同出版社邀請，「我係小編」嘅第一本實
體書終於出世喇😈。今次內容主要針對新手及想入行嘅朋友。希望可以
幫助新人入行，請大家多多支持🙏！

做得耐嘅小編，我想同你哋講：「你哋真係好勁㗎！」好嘅小編不單要
貼市摸到市場脈膊，唔怕睇數不斷調整策略，日日推翻昨日的我，不斷
學習同測試，又要有好內容輸出同社群互動能力，少一樣都發揮得唔
好。

不論從事自媒定係電商，小編擁有嘅能力喺往後注重社群嘅Web3時代，
只會愈來愈多機會發揮，愈來愈重要，大家加油！

P.S. 最後，多謝喺「數字房」出現過嘅你哋。

**大編C**

# 推薦序一：
# 成為出色小編絕非容易

社交媒體已經成為市場營銷不可或缺的推廣渠道，催生出「小編」這一職能。認識大編C多年，我亦不時透過「我係小編」group了解社交媒體新知，實在今時今日，要成為一位出色的小編絕非容易。

首先，他們對熱門議題觸覺要敏銳，精準知道議題由哪個角度可以切入抽水？從另一角度則會抽著火水？這種社交媒體敏感度，不是一時三刻可以掌握，而是要有一定的網癮，靠累積經驗才能精通。

做小編同時要有創意，才可令一隻post在云云的社交帳號中突圍而出；又要識字，懂得如何言簡意賅將訊息清楚表達，以最短的時間爭取網民／目標群組的認同。

仲有仲有，要識造圖、剪片、落埋ad，沒錯，有橋之餘你亦都需要有技術，最好由度橋、製作、連落ad一條龍一手包辦。擁有上述全套技能還不夠，你還要懂得如何應付你的客戶，為他們做期望管理，「hard sell 係好難有like㗎…」、「多Like唔代表一定有數返，你要點點點先得…」

話至此，或多或少應可說服廣大網民、讀者，做小編真的不是一件容易的事，但說到最大的困難，不是湊客，而是要湊朱克伯格，「FB演算法又轉？」、「點解又突然落唔到ad？」、「廣告size變咗啦！」

很多人以為「小編有幾難做，咪又係玩FB打幾隻字出張相？」如果你仍然有如此錯覺的話，希望你可以花一點時間閱讀此書，了解「小編」的工作及能力其實一點也不「小」，小編其實是一門專業。有人或會提出，當時代巨輪走進了AI世界時，小編甚至廣告從業員會被AI取代，這種想法我認為過度悲觀，我相信只要你是一個有想法、有靈魂的從業員，你就一定會有無可取代的地位。

**千頌C**

# 推薦序二：
# 業內朋友信賴的社群

首先恭喜「我係小編」成功出版新書，預祝新書大賣！

從Facebook、Instagram的專頁經營到社群營銷，過去十年間，digital的產業出現了不同的潮流，新興的營銷工具多不勝數，說到底最重要的不只是持續學習新知識，更重要的是心態，通過吸納不同的新元素，不斷完善你的營銷策略。

自認識小編C以來，他一直與朋友在努力經營「我係小編」，於網絡上分享營銷內容，陪伴不同公司的小編及數碼營銷的工作者成長，打從一開始「圍爐取暖」，到後來成為業內朋友信賴的社群，背後建立的凝聚力不容忽視，亦更加證明曾經以人為本的社群經營，如何讓來自不同地域的人相聚，有著共同的目標，互相交流及支持，這一點正是經營社群最大的魅力，也是「我係小編」感染大家的熱誠。作為他們的朋友與忠實支持者，很高興見證他們一直的成長及一步步邁向成功。

本人在社群數據分析及創作者產業發展多年，深刻體會隨著近年主流社交媒體平台的改變，令專頁的觸及與互動愈來愈難維持，不單讓很多默默耕耘的小編與內容創作者飽受煎熬，更令眾多新手營銷人與品牌老闆舉步維艱。而伴隨去中心化的提倡與區塊鏈技術的成熟，讓更多人了解到經營社群，不單要善用不同的策略，更需要善用不同的工具，及減少對主流平台的依賴，建立屬於品牌及社群專屬的私域，通過獨立經營的平台、建立會員制及跨平台的通訊與互動，才能維繫與粉絲的關係，讓創作發揮更大的價值。

「我係小編」不單持續給一眾營銷人發送最新的市場動態、行業趣聞與工具懶人包，更為眾人提供一個交流與互相幫助的平台，默默耕耘多年，陪伴不少職場新鮮人成長，在此再次祝願「我係小編」的新書大賣，社群繼續愈做愈大！

**Edwin Wong**
**創辦人**
**Cloudbreakr**

# 推薦序三：
# 一個急救Post打救

前幾年Covid 橫行的時候，公司剛好運作了十年，我思考Agency在現今市場的意義。填補Client不夠人手或自己做成本更高的工作以外，對整體市場的了解及Digital Marketing的知識，包括在運用各種工具上走得更前變得愈加重要。

所以做Agency 最怕Outdated，趕Project埋頭砌Deck之際，完全不知世界發生甚麼事！想幫客抽水都抽唔切。我近年一定會追看「我係小編」的Post，不單止可以知道各種Market Trend、小編整合的實用工具，慳回不少時間，又令大家做落得心應手，有次半夜出事全靠他們一個急救Post令同事收得工。更重要是，在發稿發到量Call記者Call到電話出煙，或者腦裡面一片空白又趕度橋出 IG 時，可以上去看留言，說說笑笑輕鬆完再繼續。

在每日都千變萬化的2023年，各種高科技工具紛紛加入市場，很期待「我係小編」的下一步，為大家指點迷津繼續圍爐！

**Say It Loud 公關公司 co-founder Venus**

# 推薦序四：
# 快狠準市場營銷資訊

成就高低，有時不只看學歷，還要看自學能力。在學習過程，最精明的方法就是先看書，當確認到自己真的有需要，再去上堂。這本由「我係小編」出版的小編工作攻略，相信可以給大家一個方向，解開疑惑。

**網站內容策劃師Dinezz Li**

要成為盡責的小編，除了要行文流暢及具備企業專業知識，更需要緊貼網上營銷變化。感謝「我係小編」為大家帶來快、狠、準，兼且免費的最新市場營銷資訊，並且凝聚一班小編交流心得及圍爐取暖。希望「我係小編」新書銷量像靚blog瀏覽量一樣長升長有！

**按揭轉介小編二花**

作為一個「半途出家」的Copywriter，再進化成一個Marketing Executive，「我係小編」就是一間學校。群組內每一個人都是老師、師兄、師姐，你會知道自己Not Alone。時至今日群組內每日都有新資訊，作為新人只要勇於問，自然會有人解答。遇上市道差，或者不公平，都會有人聆聽和分享，大家都會為對方打氣，這份溫暖的人情味及正面態度，絕不是每個群組都會有。

微塵如我，此刻都想推薦你手上這本書，無論你是對「小編」感到好奇，或準備加入小編這個辛酸但可以很精彩的行列，想藉此機會感謝群組主人，是你讓我們有一個安身之處做回自己。

**飲食界微塵 Mavis Wong**

# 推薦序五：
# 出Post少Like冇有怕

**DDED**

**設計師DDED**

# 小編 101

# 1.1 猜猜我是誰？
## 誰是小編？

你是小編嗎？誰是小編？你知道點解做社交媒體工作的人叫小編？小編指年齡小、人工少還是休息時間少？好多小編都不知道原因。「小編」這個稱呼最早在 90 年代的電腦雜誌出現，編輯抒發成日被總編教訓所以用「小編」自謙受教，「小編」比「編輯」更親民更有人情味，成功拉近與讀者的距離，而其他編輯亦開始使用。近年社交媒體的普及需求大增，各行各業都用社交媒體做宣傳及推廣產品服務，令「小編」一詞再廣泛流傳。而因行業需要好多有活力及懂科技的年輕編輯來處理內容，所以好多大學生畢業都會加入小編行列，而小編的「小」的確有指年輕及新進的意思。

小編工作與傳統編輯角色不同，不再是一人一角，工作範圍亦超出原有社交媒體編輯的框架，很多小編負責內容創作和社群營運，同時要處理數碼營銷、品牌傳訊和傳媒關係等工作，如幫助業務增加品牌曝光率、提高產品銷售、擴大客戶群體等。這也令小編所需具備的能力更加多樣化，現在的小編簡直要有三頭六臂，去完成原本需要10個人才能完成的工作。

有小編朋友覺得好難向父母、親戚及朋友解釋小編的工作，尤其過時過節一定被問到工作近況，不是怕被人看低，而是小編的工作千變萬化，沒有固定範圍，所以好難三言兩語解釋小編究竟做乜？因不像醫生、律師、教師和會計這些小學教科書有提及的傳統工作，試過答「做Marketing」、「做廣告」和「做編輯」打發長輩，但千萬千萬千萬不要答「做電腦」和「上網嗰啲」，因當年有兩位Uncle叫我幫手砌機和設定全屋Wifi。

想做小編？不是每個人也適合做小編，不是學歷或主修科，亦不是五行八字風水問題，做小編要看性格和興趣，曾經有大學拔尖生到朋友的網媒做實習，她語言能力和書寫能力都比同期的實習生好，但因為性格內向及社交能力弱，對網上熱話及潮流都不感興趣，沒有太多創意諗法，就算有超強的表達能力，但做出來的貼文太過正經，未能吸引用戶的注意。

沒有人天生就適合做小編，很多小編的第一份工都和社交媒體無關，想知道如何可以第一次做小編就成功，就要細閱本書各個章節，無論是對小編零認知或是新手，都歡迎你進入小編的世界。

# 1.2 小編呼風喚雨的能力是如何練成的？了解小編的十項全能！

你覺得小編的日常工作是做甚麼呢？玩 Facebook 出貼文、到 Forum 爬文、Lifestyle 編輯和 KOL 經常出席活動試食試用最新產品和打卡，好像好輕鬆，少年！你太年輕了…以上只是小編工作的冰山一角，其實小編還有好多鮮為人知的工作，而且需要多種技能。這看似簡單的職業，甚至可在社交媒體呼風喚雨，身為小編的您亦可能不知道自己的厲害，可看看小編的十大技能，絕對會對小編的休閒工作改觀。

**話題與潮流觸角：**小編就是有秒間答出「今期網上熱話」的能力，愛八卦熱追各個網路議題，由政治時事議題到冧星與網民對罵中找題材，引發用戶共鳴而增加討論度，某程度控制網民討論的風向。

**創意及策劃能力：**小編的創意靈感可把平凡事變成有趣小故事，內容有策略地編排文章發佈與編輯管理，以得到最大的成效，規劃社群活動去鞏固粉絲的忠誠與信任度。

**文字編輯能力：**小編要文筆流暢和有條理地説故事，還要有能精準掌握賣點，把產品或事件説清楚的能力，運用文字創意以吸睛標題，吸引用戶及表達自己的觀點。

**美感與設計能力：**好多小編都要處理設計工作，基本上是集平面設計/相片/影片拍攝剪輯師於一身，配合品牌特色，製作出能吸引用戶更而產生互動的貼文。

**數據分析能力：**在大數據時代，數據比人更可信，小編要能分析和觀察數據之間的關係，去優化內容、廣告及營銷策略，令社群成長。

**廣告投放能力：**小編為提高成效要有投放及優化廣告的能力，除了 Facebook、Instagram外，還要負責其他平台如Google、YouTube Ads等的廣告投放，用適當的內容配合受眾要求去擴大客群。

**銷售轉化能力：**好多中小企及初創公司都要全民跑數，小編跑Like跑互動量管理社群同時培養出忠心的鐵粉，運用對社群的信任度將粉絲轉化成利潤，銷售產品牌服務。

**品牌形象管理能力：**小編身為品牌與用戶之間的橋樑，對品牌形象有很大影響力，小編代表品牌與用戶互動回覆私訊及留言，還要有危機處理能力。

**客戶服務能力：**小編不單止做創作寫文，還要有了解品牌產品與用客戶溝通的能力，熟識品牌業務、產品知識，有高情商EQ、理解能力和邏輯思維，才可應對各種留言與私訊，解決客戶的奇難雜症。

**持續自學能力：**早年有元宇宙，今年有人工智能，小編要有不斷學習使用新技能及各種類型工具的能力，就算不是「周身刀張張利」，但要樣樣知，每樣都識少少，更要有肯學肯嘗試的心態。

你有齊以上小編的特質嗎？

# 1.3 做小編辛苦嗎？
## 享受爆肝工作的小編日常

每份職業都有它的壓力和難度，就算是十項全能的小編遇上排山倒海的工作都感到吃力，表面是休閒的網上工作，實際是爆肝大挑戰，更有人說做小編先要有被虐狂的心態，當了幾年小編的可能已習慣並開始享過程，大家可先了解小編工作辛苦的一面：

### 24x7的工作模式

大部分貼文都可隨時修改內容，所以很多小編都被迫「寫咗先算，上咗先算」，就像24x7年中無休地工作。另外創作是需要時間思考，有時要夜闌人靜時才有靈感，而多平台多工作的環境及無預警的公關災難，亦令小編要在非辦公時間工作，所以小編需要有健康的肝才可以應付這個工作模式。

### 唔使急最緊要快

社交媒體最怕是發佈 Old News is so Exciting 的貼文，要第一時間知道網上熱話並立即諗橋出文，腦要轉得快、手要寫得快，圖及影片更要砌得好剪得快，才可以緊貼熱話的擴散速度，以免落後被人飲頭啖湯，甚至成為 Old News。突發事件的即時應變，亦令小編成為急急子的原因。

### 小編的壓力煲

「你有壓力，小編都有壓力！」小編的壓力來自永遠寫不完的貼文及跑不完的數。很多新手小編當遇上網民反應欠佳、流量不似預期、腦閉塞、客戶無理要求而感到很大壓力。

## 享受工作的小編生活

以上小編的辛酸有沒有嚇怕大家？雖然小編要應付工作之多、速度之快和壓力之大是非筆墨可形容，但過程中所學到得到的也不少，這都是小編享受工作的原因：

### 自由度高的工作

小編工作沒有固定的一套方法，自由度大，只要達到目標就可按自己的方法工作，如果是媒體小編更有機會出席不同的活動，比整天坐在辦公室的工作較有趣。小編時常要接觸新事物諗新橋去吸引用戶，比起墨守成規的工作更靈活、自由度更大。

### 學習及表現機會

小編要持續吸收新知識學習新技能，緊貼科技及潮流，以應付不同產品及服務和客戶的需要，通過資料搜集和思考過程，可長知識及增廣見聞，所學到的技能和得到的成功感比一般職業多。

### 滿滿的成功感

小編由資料搜集、了解用戶、策劃、製作內容及發佈，當每次見到貼文得到不錯的反應，及培育出高忠誠度的粉絲，也給小編很大的滿足感，如果貼文可吸引粉絲互動，甚至成功轉化，那成功感更大。

如果你問我做小編為的是愛還是責任？絕對不是窮，而係愛呀哈利！

# 1.4 小編是否萬能？
## 沒小編真是萬萬不能

之前提到的小編十大技能大家有幾多種呢？小編的技能之多、工作範圍之廣，説是萬能也不過份，亦因為無上限的工作範圍，及要追趕資訊的速度，令不少小編都捱不住轉工，如果沒有小編的社交平台會變成怎樣呢？下列五種小編為例，了解他們的日常工作，和失去了他們的影響。

## 新聞小編

在報章或新聞平台工作的新聞小編，與在職記者緊密合作，了解讀者的心態，把採訪得到的資料整理及將重點發佈到社交平台，令我們第一時間得知社會發生的大小事。沒有新聞小編我們可能要閱讀報章、聽收音機和看電視新聞得知社會時事，沒有即時新聞資訊，對生活帶來不便。

## 媒體小編

在媒體工作的小編類近新聞小編的工作範圍，但他們所跑的不只是新聞，是生活及娛樂資訊，每天為大家篩選較有價值和吸引的產品服務或花邊新聞，滿足我們的購買欲，提供茶餘飯後的八卦話題。沒有媒體小編的社交媒體會變成沒趣乏味，朋友之間亦少了共同話題。

## 公司產品小編

公司產品小編有很多種,實體產品和衣、食、住、行相關的服務,小編把各公司不同的產品服務資訊,以簡單易明的手法發佈到社交媒體上,經過他們消化後的產品令大眾更易接受及明白。沒有人想閱讀長篇大論的產品服務資料,令選擇購買時花更多時間去研究及了解。

## 設計小編

設計小編用影像把文字或抽象的概念表達出來,除了迎合先睇圖後睇字的用戶外,還可節省大家閱讀的時間,利用圖像加強文字的表達及感染力。設計小編的美感可把不同的文字和圖片拼湊出毫無違和感的圖像。如沒有設計小編,社交平台上會充斥着圖文不符及傷眼的貼文,難以閱讀及了解貼文的意思。

## 公關小編

負責在網絡世界打造品牌價值,除了撰寫新聞稿,還要安排不同的網上傳媒、KOL、自媒體報道企業和產品的內容,公關小編同時要處理公關災難,監察品牌和對手的網上動態,對時事新聞有一定的觸覺,以保持品牌及企業的形象。試想像沒有人處理公關災難和維護品牌形象,整個社交平台都會充斥着負面的品牌形象,品牌信任度下降,令公司難以推廣產品及服務。

以上只是幾種類型小編的工作,如果你是在職小編,請給掌聲自己!因您的血汗與努力,才能令社交平台有多姿多彩的資訊。

# *1.5* 小編不紅，天理不容！千萬小編的發展潛力！

先後了解過小編的工作、需要技能和對社會的重要性，準備好入行的你或在職小編有想過將來的發展嗎？正所謂小編不紅，天理不容！小編擁有的技能和軟實力在好多業務都大派用場，除了有小編成為大編或更高職位的管理層之外，可根據小編累積的經驗、興趣和技能強項去開拓事業，先以兼職形式起步，當發展到一定規模或出現分身不暇的情況，就可以跳出 Comfort Zone 做全職老闆了，可參考以下幾個小編的發展：

## 自媒體KOL

根據小編的興趣與專長和社群營運技巧，加上在特定範疇的名氣，如曾是美妝小編、旅遊達人、美食專員或獨當一面的時事及財經評論員，都可透過自媒體踏上KOL之路，可以用個人名義或團隊形式經營，自媒體擁有內容方向的決定權，因為沒有品牌形象的枷鎖，大家可更積極與粉絲互動。收入來源主要是品牌的廣告贊助、體驗或試用產品服務和出席活動，支持度高的KOL甚至可創立自己的產品品牌。

## 精通數據分析的廣告投手

很多小編的強項集中於內容製作，廣告投放方便需要請廣告投手，熟悉廣告投放和數據分析的小編，可全職替以成效優先的行業投放廣告，以分成的方法賺取收入，如醫美、保險、地產和金融相關的行業。如小編懂數據

分析可從社交平台或社交聆聽（Social Listening），了解消費者對品牌與產品服務的意見，幫助企業了解市場趨勢、消費者需求和品牌聲譽等，有助優化營銷策略和提高客戶的滿意度。

## 廣告及製作公司（Advertising Agency）

身為創作者的小編每天諗橋寫文吸引顧客，好多經驗豐富的小編，投身廣告界開設廣告製作公司。廣告不再局限於社交平台上發文，以整個品牌形象及產品計劃宣傳策略，製作出令用戶有所共鳴的廣告。通過了解用戶的行為習慣，能夠制定跨平台的廣告策略，提高廣告效果。

## 網上商店（Online Shop）

有電商（電子商務）背景的小編不單止對產品有敏銳觸覺，亦深入了解顧客的需要，適合自設平台賣貨賣服務。可用現成的電商平台或建立自己的網店，再通過分析網站流量和銷售數據了解客戶和市場。銷售方面有小編撰寫和設計產品貼文去吸引新顧客，得到社群的忠心粉絲支持，好多小編都在邊做邊學的情況下開設各種類型的網店。

## 社交平台營運代理（Social Media Agency）

幫公司做不如自己做，經營商業帳號及社群的小編，憑着累積的經驗和人際網絡及舊客戶，建立自己的社交平台代理公司，鎖定強項集中服務特定類型的中小企，例如餐飲業、手作小店、美容院或教學中心，賺取口碑及建立公司的獨特性和賣點，擴展業務至其他類型的客戶。

如果小編想搵工或接生意，想搵人夾住做可以去我們的 Facebook 群組：小編R Job Market搵工搵人都可以，完全免費！

小編R Job Market。

走入小編的

華麗舞台

# 2.1 小編要識用幾多個平台呢？ 10 個社交平台全面睇

除了 Facebook 和 Instagram 之外，小編還要學用其他平台嗎？不同國家、地區和行業都有針對不同受眾的平台，例如香港人一般會用 Facebook 與 Instagram 去接收品牌和媒體資訊，觀看影片教學或 KOL 評論會去 YouTube，招聘及職場相關的會用 LinkedIn，好多日本及海外媒體用 Twitter，而科技、創新和技術交流會用 Discord 等。

小編要學識幾多個平台先夠用？識得多一定有著數，但開台與學識平台操作都不算難，最難是要長期作戰不斷製作內容及經營社群。可先了解目標人群的行為習慣，再參考業務性質去揀選平台，有些平台適合B2B（Business to Business），即是企業與企業之間的交易，如批發與零售的關係，有些則是B2C（Business to Consumer），即企業吸引消費者交易，如快餐店及零售商，可參考以下各大社交平台的目標客群和內容類型，去選擇適當業務的平台。

## Facebook

香港的Facebook用戶超過430萬（全球接近30億用戶），大部分30歲以上的香港及台灣人都有使用Facebook，很多公司和企業都使用Facebook專頁代替網站，去發佈業務及產品資訊，適合大部分業務使用。

客群：25-65+

內容：適合大部分內容

特點：以文字、相片和影片為主的互動平台，適合B2C及部分B2B業務

## Instagram

香港的Instagram用戶超過330萬（全球超過12億用戶），Instagram一向受年青人歡迎，吸引針對年青人的本地小店如日韓時裝、手作精品及手工食品等開台，亦有很多明星和旅遊、時裝和吃喝玩樂的KOL使用。

客群：18-34+

內容：生活時尚及吃喝玩樂

特點：相片主導加上短片的B2C平台

## YouTube

香港的YouTube 用戶超過650萬（全球超過25億用戶）的影片平台，近年很多用戶由Google搜尋答案轉到YouTube，成為一個高流量的搜尋器，基本上你想得到的，在YouTube都會有影片答案。

客群：18-65+

內容：產品體驗及試用、教學及政治評論

特點：以長、中及短片為主的B2C影片平台

## Twitter

Twitter可說是最傳統的社交平台之一，香港用戶超過400萬，發佈不多於140個中文字的短訊，Twitter雖然以英文主但吸引好多日本用戶，亦很受歐美的政治人物和媒體歡迎，但在香港的使用量和普及程度遠不及Facebook和Instagram，且互動量低。

客群：30-54+

內容：即時性的新聞時事及個人動態更新

特點：以文字短訊及簡單圖片為主的B2C平台

# Snapchat

香港Snapchat用戶有大約36萬人，在歐美的用戶中有90%是13-24歲年青人，是真年輕人用的社交平台，Snapchat有大量Snap AR濾鏡，方便拍出不同效果短片，它在學習、購物、藝術和遊戲體驗等方面，都滿足Z世代玩家的需求，主打外國後生仔，大家知道Instagram的story是來自Snapchat的嗎？

客群：國外13-24+

內容：個人動態更新及創意短片

特點：短片、AR濾鏡及個人化的年輕B2C平台

# Discord

Discord在全球有超過1.96億用戶，近兩年急速成長，除了發佈內容Discord，更着重社群互動、互相交流及共同創造，很多Startup、編程技術和區塊鏈相關的群組，都在Discord 建立群組，亦有黑客及Web3.0的技術和應用討論。

客群：18-44+

內容：新技術與編程相關如AI及區塊鏈交易

特點：介面較複雜，以互動、技術交流為主的B2C平台

# LinkedIn

相信大部分小編都有用LinkedIn去搵工或了解公司同事的背景， 而LinkedIn更是一個好有效的B2B社交平台，除了發佈企業和行業相關的資訊外，LinkedIn的廣告系統更可針對用戶的職位和企業的類型精準推送廣告內容。

客群：22-54+專業及較高收入人士

內容：企業、業界和職場資訊

特點：以個人履歷、簡單圖片及影片為主的B2B平台

## TikTok

TikTok在世界各地已有超過15億用戶，所以絕對不容忽視，它與Snapchat類似，影片內容最長為60秒，掀起全世界短視頻的熱潮，雖然香港地區未能使用TikTok，可先了解TikTok的影響力及用法。

客群：香港以外18-34+

內容：五花八門及個人化的創意短片

特點：以短片為主導的B2C生活資訊平台

## 小紅書

小紅書用戶數目達2億，以新式生活方式平台和消費決策，成功打入中國年輕消費群，以Blog形式發佈與生活消費相關內容，針對年輕高消費群，吸引大量KOL製作吃喝玩樂體驗的內容，更有人稱小紅書是中國大陸版的Instagram。

客群：18-34+國內及港漂客

內容：生活時尚及吃喝玩樂

特點：以相片加上影片的Blog形式B2C平台

## WeChat

香港WeChat用戶超過5百萬人，國內大部分人都是WeChat用戶，可以說是國內版Facebook，它內建小程序像不同的手機應用程式，可擴展功能，WeChat成為國內生活的必需品，很多官方及商家都用WeChat作為服務及銷售渠道。

客群：18-65+國內及港漂客

內容：適合大部分內容

特點：以相片及影片為主導的B2C官方平台

## 2.2 管理社交平台都要有目標？ 互動是王道！ 社群營銷是目標！

經營社交平台應從邊方面入手？直接諗題材出文跑 Like ？還是諗辦法先追 300-400 粉絲再決定方向？很多新手小編都不知道經營社交媒體的目標，大家所經營的「社交媒體」平台，顧名思義重點在於「社交」，亦即是社群上人與人的交際往來，亦即是「互動」，與傳統官方帳號單向發佈消息不同。在社交媒體大家追求的不再是「我講你聽」的模式，品牌利用社群發佈內容與粉絲互動吸引支持者，配合人性化的內容令粉絲產生共鳴，並對品牌建立特定形象和信任，利用這些影響力幫助宣傳產品，把粉絲轉化成收入，就是「社群營銷」，可看以下的例子：

### Airbnb

在疫情期間，旅遊業和旅館生意冷淡，為了令公司可持續營運，Airbnb 與超過100,000個住宿地點合作，為前線醫護人員提供免費住宿服務，這提升了品牌形象，亦增進了與顧客的關係，在世界各地產生共鳴及解決前線醫護人員的需要，贏得不少支持，為疫情後打好根基。

社群營銷透過創造有價值的內容,促進與用戶之間的互動,並鼓勵留言及分享,通過用戶的朋友和社交網絡進行病毒式擴散,可替品牌建立認知,大大增強影響力。

很多公司及小編只注重眼前的業績,急於用獎品吸引用戶,或硬推銷及導購性銷售產品,而忽略透過互動培養粉絲對品牌正面形象和信任的重要性。社群營銷是以漸進式的品牌營銷過程,利用社交媒體的特點將品牌訊息加入互動的內容中,令粉絲在不知不覺間產生購買的興趣。

大家可從以下顧客網購的考慮去了解以上概念:

**價錢要便宜:**除非價錢極之便宜,顧客買之前一定考慮價錢,賣得平自然吸引顧客幫襯,但次次都做到全城最平同對家鬥長命並不容易,要賣得多先返到本,平開當賣正價貨品就無人問津,因大家都是等特價才買。

**獨市產品:**如顧客並無選擇,做獨市生意當然好生意,但當市場飽和,產品更新週期較長會影響業務持續發展,如產品不是特約授權,有競爭對手入市爭生意就更難維持及經營。

**信任與支持:**顧客購物好講個「信」字,信朋友、用家及KOL推薦之外,信品牌更加重要,通過內容及互動提升用戶對品牌的信任度,吸引粉絲轉化購買產品,買的除了產品亦有對品牌的信任和忠誠,但要時間製作內容及經營社群。

經營社群及內容創作就是要建立粉絲的信任及支持，在適當時候把它們轉化為顧客，並持續提升他們對品牌的忠誠度，成為有賣必買的頭號客戶。可看另一個與疫情相關的例子：

## Netflix

在疫情的困難時期，Netflix在Instagram上舉行直播，讓大眾可諮詢心理醫生及心理專業人士，分享他們的煩惱。品牌透過提供實質和個人化幫助的同時，也是提高顧客忠誠度和品牌形象的明智策略，在Campaign期間Netflix新用戶數目在部分地區上升2-3%。

**要建立健康互動的社群要留意以下兩點：**

**人味：**是人味不是「人情味」，很多品牌都給大家冷冰冰不問世事的感覺，可先從關注世界性議題和表達意見開始，回覆用戶留言或作出打氣和鼓勵性的說話，亦可協助建立具「人性化」、「有同理心」和「不離地」的形象，日後可幫助產品銷售。

**引發互動：**互動性內容可打破品牌單向性發佈的模式，首先要了解用戶的行為習慣和喜好，然後設計雙向溝通的渠道。例如以問題式及個人化的遊戲性貼文，鼓勵用戶參與互動。可參考Chapter 3.2「16個爆Like高互動表達方法」。

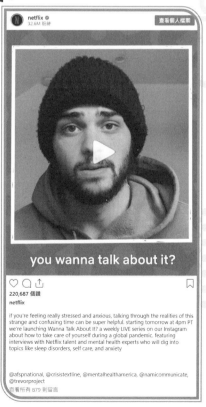

# 2.3 小編跑 Like 之外仲要追數？
## 不可不知的營運指標
### 和行內術語

小編做內容要賺 Like 上粉，除了 Like 和粉絲數之外，還有好多和社交媒體、數碼營銷及內容相關的指標，上一節提過的互動量除了要吸 Like 之外，高質素的留言及分享都能幫助維持社群的活躍度。小編跑數可分好多種，可分為直接及間接協助業務成長，如客戶購買產品搵錢直接產生利潤，但不是所有業務都可以直接返錢，如網媒透過高互動率及曝光率吸引廣告商，旅遊 KOL 的高觀看量影片，吸引各地旅遊局及品牌邀請去體驗新酒店和景點，以下會介紹幾個新手小編不可不知的社群營運指標及術語，方便衡量成效。

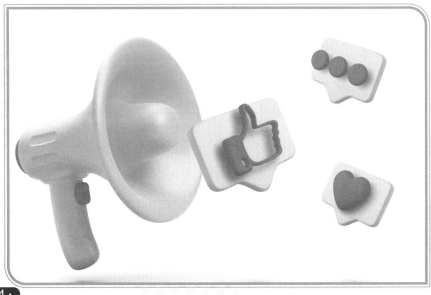

# 專頁讚好（Page Like）及追蹤（Follow）

Facebook的專頁讚好與Instagram的Follow一樣，當用戶讚好或追蹤帳號之後，就有機會收到發佈的貼文內容，亦是大家常説的粉絲數目，Facebook正慢慢移除Page Like，與Instagram統一用Follow，Follower數愈多好像愈好，但要注意互動量，如果只有殭粉沒有互動亦沒有用。

# 接觸量（Reach）

貼文接觸到單一用戶的數目，因為不是每一個貼文都可以出現在每位粉絲的動態時報（Timeline）上，Reach可顯示貼文接觸非重覆用戶的次數。現在Facebook專頁的自然接觸率平均是3-8%，Instagram的平均是5-12%，即Instagram帳號如有100名粉絲，每次發文只有5-12位在Timeline收到內容。

# 曝光量（Impression）

貼文曝光的數目，與Reach不同，Impression是貼文曝光給用戶的次數，如相同用戶收到貼文3次，那Reach是1而Impression是3，Impression就像是派傳單動作，而路人接觸傳單就是Reach。

# 影片觀看（View）

Facebook和Instagram的影片都以觀看三秒為一個View，所以最少要吸引用戶停留三秒才會View+1，相同用戶重複觀看不計在內，想知道如何令用戶產生互動，可到Chapter 3.2「16個爆Like高互動表達方法」。

# 互動量（Engagement）

用戶對貼文作出的互動。Facebook的互動包括讚好（Like），和各表情符號（哈哈、勁正、加油、嘩、嬲嬲和慘慘）、留言（Comment）、分享（Share）、點擊（Click）。Instagram的貼文互動有Like、Comment、紙

飛機符號的Share和收藏（Save）。互動會影響演算法，令系統提升該貼文的Reach接觸更多用戶，所以小編各出奇謀希望提升互動率，因而提升接觸量，想了解Facebook和Instagram各貼文格式互動率，可到Chapter 3.4和3.5各格式成效比較。

## 互動率（Engagement Rate）

以互動量與接觸量或追蹤者數目的比例計出的百分率。如貼文互動量是50，曝光量是2,500，該貼文的互動率是（50÷2,500）x100%=2%，有時為了與同業比較會用追蹤者數目做分母，因為大家不會知道別人的曝光量。

邊度睇指標

邊度可以知道貼文成效與上述指標數據呢？桌面版Facebook可到專頁內的洞察報告（Insights），可看到每個貼文及專業的數據。Instagram亦可在App中的Insights 搵到相關數據。

商務套件（Business Suite）

Business Suite可一次過管理和計劃Facebook及Instagram的貼文、訊息、廣告和其他帳號設定，可用桌面版或下載Business Suite App，鍾意幾時睇數出文都得。

### 小編錦囊

小編做內容應先集中提升互動，有良好互動就會增強接觸率派給更多用戶，再利用高互動及社群效應去推廣產品服務或吸引廣告商。要內容有互動可讀Chapter 3「高互動爆紅內容鍊成術」。

# 2.4 落廣告應點計數？
## 社交媒體廣告指標和計算

想提高內容成效（或月尾也未到數）可把內容推廣給更多用戶，可利用 Meta 的廣告系統，廣告投放得精準可更有效地發揮內容威力，吸引更多客戶，詳情可參考 Chapter 5「零失敗廣告投放實戰教學」。就算小編未有廣告投放經驗，但都需要認識常用術語及回報計算方法，方便與其他小編溝通及了解廣告投放回報計算，可看以下的廣告指標及術語。

## 每千次曝光成本 （CPM）

每千次曝光成本 （Cost per Mille - CPM）即每一千個用戶看到廣告所需要支付的廣告費用，例如廣告總成本是$1,000得到50,000個曝光，那CPM 就是（$1,000÷50,000）x1,000 = $20。

## 單次點擊成本 （CPC）

單次點擊成本（Cost per Click - CPC）即是每次用戶點擊廣告所需的費用，例如廣告總成本是$1,000得到100個點擊，那CPC就是$1,000÷100 = $10。

## 每次獲取名單成本 （CPL）

每次獲取名單成本（Cost per Lead - CPL）是以搜集潛在客戶名單所需的廣告費用，如進行問題調查、金融產品及課程銷售等服務、成功註冊成為新會員等都屬於潛在客戶名單。與CPC計法一樣，如廣告總成本是$1,000得到50個客戶名單及資料，那CPL就是 $1,000÷50 = $20。

## 每次行動成本 （CPA）

每次行動成本（Cost per Action - CPA）即是每次用戶在轉化過程上可帶來收益的行動，不單只是CPC的點擊，且要完成整個購買過程，例如用戶經廣告到網店完成購物流程、完成投保或預約醫美服務等。如廣告總成本是$1,000得到100個點擊，但只有10個新註冊會員，那每個會員的CPA是 $1,000÷10 = $100，而CPC是$10。

## 每次互動/觀看/安裝和其他成本
## （CPE、CPI、CPP…）

在Meta的廣告管理員投放廣告時會基於不同的目標有不同的計算方法，如用廣告跑貼文互動會以每次互動成本（Cost per Engagement）去收費，到Facebook Shop購買則以每次購買成本（Cost per Purchase）去計算，以及每次APP的安裝成本（Cost per Install）等去收費。

## 投資回報率（ROI）及廣告投資報酬率（ROAS）

有時候會被問及廣告或Campaign的ROI，ROI是甚麼？投資回報率（Return on Investment - ROI）是每投資扣除成本後的增長百分率，（整體投資得到的收入-付出成本如廣告）÷ 成本x100%，例如小編替醫美集團邀請了10位KOL出席活動花了$20,000，活動網站花了$5,000，再加上$5,000 Facebook及Instagram廣告費共用了$30,000，活動期間有20位新客戶購買了$100,000的療程，那ROI就是（$100,000-$30,000）÷$30,000x100%=233.3%。

ROAS是廣告投資回報率（Return on AD Spending），是經廣告得到的收入與成本比例的增長百份率，（廣告產生營業額÷廣告成本）x100%，百份率愈大愈好，可用來衡量廣告的成效。

小編正候群

**小編錦囊**

想知道廣告成本幾多先算平？可到Chapter 6.1的廣告價錢數據參考。有問題亦可到我們的Facebook群組小編正候群：http://bit.ly/imsiupin_gp

# 高互動爆紅內容鍊成術

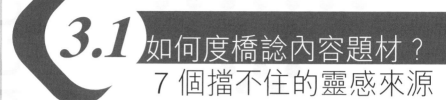

# 3.1 如何度橋諗內容題材？7個擋不住的靈感來源

大台小編日日有新橋新諗頭，次次貼文都有驚喜，幾百甚至過千 Like 是等閒事，點解自己諗極都沒有好 Idea？是否貧窮限制了想像？日日要有原創 idea 實在太難，太原創太獨特亦好難產生共鳴，要知道大部分爆紅題材都與城中熱話及日常生活有關，以網上熱話及時事新聞做題材，再加入品牌及產品元素，引發用戶互動及共鳴，但如何得知網上熱話？可看以下幾個方法。

## 1.Google趨勢（Google Trends）

Google趨勢可知道香港及各地區最多人在Google搜尋的詞語及次數，上得榜即是有一定搜尋量，有機會成為熱話，因最少要有幾百至過千才可上榜，大事件如世界盃可有超過 5-10萬的搜尋量，民生議題及花邊新聞亦可能有過萬搜尋。另外小編會用Google Trends去找關鍵字優化文章及SEO，只要登入Google帳號到以下連結就可睇到Google趨勢排行榜：https://bit.ly/siupin_googletrendshk

## 2.討論區及群組

小編會在討論區及Facebook群組找靈感，當發現文章或話題的留言互動熱度升溫，會以網民熱烈討論的角度，再加上吸睛的標題發文，已有一定的支持度要跑互動跑Like並不難，但要打鐵趁熱盡快發佈，不要太遲變成 Old News is So Exciting！香港的熱門討論區有：

連登討論區：https://lihkg.com/

高登討論區：https://forum.hkgolden.com/

香港討論區：https://www.discuss.com.hk/

親子王國討論區：https://www.baby-kingdom.com/forum.php

she.com：https://community.she.com/

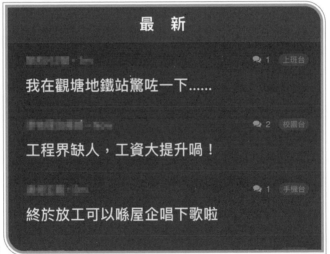

連登討論區

群組太多要推介就推我們的小編正候群：http://bit.ly/imsiupin_gp，有好多小編分享及討論各個好抽得內容。

## 3.主題標籤（Hashtag）

Instagram可以追蹤Hashtag像追蹤品牌帳號一樣，當追蹤的Hashtag有熱門貼文可第一時間出現在動態消息，方便找出同類貼文作參考。例如甜品店推出馬卡龍可先追蹤或搜尋 #macaron #dessert 了解相關貼文表達手法，絕對有參考價值，唯一問題是不可以選擇指定地區如香港的內容。

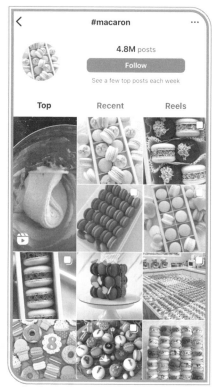

Hashtag: #macaron

## 4.知己知彼百戰百勝

想知行內的熱門話題？可參考同業及相近客群品牌的內容策略、表達技巧和營銷手法。假設小編K為新進韓國化妝護膚品牌做內容策略，可先到已進駐香港的化妝及護膚品牌如雪花秀、后whoo、Laneige、Innisfree、Etude House、零售商連鎖店（SaSa、Colourmix）及HKTVmall等的Facebook及Instagram帳號，分析內容角度和社群經營手法。如果想在Facebook優先看到它們的內容可到專頁選擇優先看，方便第一時間知道同業動向。

Laneige

Innisfree

## 5.高質內容品牌帳號

坊間有幾個品牌的小編緊貼社會時事和網上熱話，時常快速地發文抽水，還可完美地植入產品及品牌概念，建立出具有品牌個性的高質內容，絕對值得參考。以下幾個港台高質內容的Facebook及Instagram帳號：

IKEA 宜家家居
📘 https://www.facebook.com/IKEAhongkong
📷 https://www.instagram.com/IKEAhongkong

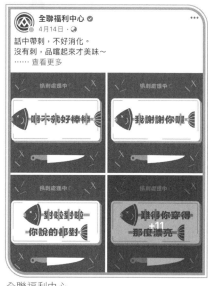

全聯福利中心
📘 https://www.facebook.com/pxmartchannel
📷 https://www.instagram.com/pxmart/

必勝客 Pizza Hut Taiwan
📘 https://www.facebook.com/PizzaHut.TW

悦和醬園
豉油不減鹽，也減不起。

減鹽豉油撈飯就係……查看更多

悦和醬園
f https://www.facebook.com/yuetwo1945hk
https://www.instagram.com/yuetwo1945/

故宮精品
【故宮小劇場】

來～……查看更多

故宮精品
f https://www.facebook.com/npmshops
https://www.instagram.com/nationalpalacemuseumshop/

譚仔三哥米線
2月13日 ·
「B，我知你寫嘅情信一定會感人同sweet過AI寫嘅！」
…… 查看更多

譚仔三哥米線
f https://www.facebook.com/tamsnoodle
https://www.instagram.com/tamjai_samgor/

Swipe HK
5小時 ·
給林婆婆：
婆婆您好，bb威寶從電視節目得知您對蔬菜組合都有
…… 查看更多

Swipe HK
f https://www.facebook.com/swipehongkong/
https://www.instagram.com/swipe_hk

## 6.小編分身術

Meta的演算法會優先顯示大家感興趣的資訊,如互動較多的專頁及好友動態,因每個帳號一日所收到的資訊有限,未必可以見到所有已關注帳號的內容,所以好多小編會有多個分身帳號,以內容主題分類去追蹤媒體、KOL或加入群組,方便接收特定主題的資訊。例如經營關於High Tea的商業帳號,先建立分身帳號並追蹤所有相關品牌及群組,需要時可轉換帳號一次個參考所有相關內容。

## 7.社群聆聽 Social Listening

以上方法都要花時間去篩選資訊,如果用社群聆聽(Social Listening)工具可自動接收及把資訊分類,包括新聞、網絡文章、社交媒體及論壇內容,整合後更易了解及吸收。除了接收資訊之外社群聆聽工具,還可以監察網上提及品牌的內容及留言,用作市場調查及管理公關災難,詳細解說可閱讀我們之前的文章淺談 Social Listening:https://bit.ly/siupin_sociallistening

# 3.2 有橋有題材應如何表達好？ 16個爆 Like 高互動表達方法

內容吸引但必須先要引起用戶的注意，再引發用戶互動參與，令他們覺得「關自己事」引發共鳴，共鳴一到自然有 Like 有互動。亦可用「獎賞」手法吸引用戶，有獎遊戲或提供網上發表意見或表演的機會，另外實用教學及知識型內容，是可令用戶增值的另類獎賞，配合吸睛的表達手法就更易成功，以下有四大類共 16 種爆紅內容手法，總有一款幫到你！

## 時間性

即時性的話題可引發共鳴吸引用戶關注，用產品服務特點抽水與事件扯上關係，例如香港的宜家家居及台灣的全聯福利中心常用時事加上產品特點發文，可看以下例子：

### 1.各國及世界節日

世界各地幾乎每日都有慶祝節日，總有一個可與產品扯上關係。

打風優惠。

• 為慶祝2月22日日本貓日本店所有貓食品半價！

### 2.天氣狀況

所有相同地區的用戶都會有共鳴。

• 八號風球最適合留喺屋企享受串流影片服務，即刻登記享受打風優惠。

### 3.新聞時事

政客言論同民生時事最能貼近市民，但要小心運用，唔好跟車太貼會出事。

• 政府提倡搶人才，我們僱傭公司一早已為您搶定高質熟手女傭。

### 4.藝人言論及娛樂圈事件

人人都愛八掛睇花邊新聞，但要注意受眾喜好千祈不要得罪進激粉絲團。

• 我們的管理系統無論幾多個客都可照顧周到，人人都可成為時間管理大師。

人人熟悉的天空。

## 問題式

用問題吸引用戶注意可提升互動量，演算法會把高互動內容派俾更多用戶，比起陳述式內容更有「關我事」的感覺，配合獎賞或發文表揚可引發用戶互動，更可收集回覆作為題材做新內容。問題不一定要難，愈簡單愈易明最好，不經大腦都識答，亦可用作意見收集去改善產品服務，可參考以下問題：

### 1.填充句子

開放式問題。

• 今個情人節最想收到_____。

開放式問題增加互動。

## 2.是非題

簡單直接門檻低容易吸引用戶參與。

● 矛盾大對決：去日本少Budget Shopping定去台灣可以豪使好？

## 3.投票

可表達意見還可以測試自己的選擇是否大眾化。

● 身體最想瘦的部位是？（肚腩/ Bye Bye肉/大髀/小腿）

互動投票。

## 4.假設性問題

人人都有夢想，就讓你的問題滿足他們吧！

● 獎你張免費機票，立即答！你想去邊個國家？

收藏亦計入互動的一種,大家應該收藏很多專業資訊及知識教學的相關文章,例如東京旅行十大疫後新景點、專業紅酒品評入門、BB快速入睡懶人包等,這些內容一定多點擊、多分享和多收藏,要花時間收集資料,可參考知識型和專業型的內容手法:

**知識型**

知識及教學內容可提升收藏及閱讀量,它比一般產品資訊及休閒內容更持久,例如我係小編的文章:Facebook 與客服網上對話方法大公開,2019年至今每日還有不少點擊量。雖然知識型內容製作需時,但絕對值得投資。可參考以下例子:

**1.懶人包**

懶人包以簡潔重點講解新事物廣受網民歡迎,還可用上 Infographic 令用戶更易明白。

- 新樓買賣懶人包,列出所有新樓買賣流程及注意事項,要搵 Agency 可直接聯絡小編地產代理。

各類型懶人包。

### 2.實用教學

以實用教學為題吸引受眾，內容植入
產品特點的教學。

- 一支眼線筆打造五種情人節甜美約
  會妝容。

教學當然不少得我係小編。

### 3.詳細分析

多角度詳細分析不同產品服務的分別，以知識及數據贏得用戶信心。

- 由生活、工作、教育及投資角度詳細分析各地移民利弊，小編移民為您
  揀選最適合你的移民目的地。

### 4.生活小貼士

如何使用產品造出大家平常想不到的用途，以 Life Hack 為題提高生活效
率。

- 凡士林的十種神奇隱藏功效、梳打粉的五大清潔用途。

**專業型**

職人絕密分享說出產品的用途及好處，可提升品牌的專業形象及信任程度，對社群營運提高粉絲的忠誠度及售賣高端的產品及服務有很大幫助。可參考以下例子：

### 1.真實個案或客戶意見分享

用客戶評價及意見帶出產品服務的好處和賣點。

- 多謝新婚的 Jessica 對我哋專業婚禮服務的讚賞（付客戶評價）！再一次恭喜一對新人！

### 2.產品服務Q&A

以專業角度解答大家在使用產品服務時遇上的問題。

- 日本壽司怎麼吃才對？教你正宗壽司食法五步曲。

### 3.職人工具推介

專業人士用的工具一定是好！大家都想得到專業級服務。

- 好多專業化妝師都會選用小編牌眼影及眼線筆，一齊聽聽使用心得。

職人教路。

### 4.擊破謬誤

以專業角度去拆解大家對職業或產品服務的謬誤。

- 活髮產品謬誤，四大專業生髮療程注意事項。

達人擊破大禁忌。

# 3.3 點樣制定內容方向？
## 進可攻退可守的 2-4-3-1 內容策略

做內容要緊貼熱門話題及有清晰的內容方向，內容支柱（Content Pillar）是以品牌的核心價值、形象、價值觀和產品服務等去定立方向。內容支柱可分做四類，分別是品牌故事、產品服務介紹、解決方案和社會相關，亦可根據業務需要去增加或修改內容支柱。

**A.品牌故事：**情感化為主的內容，講述品牌的起源、理念、核心價值觀、創辦者的故事，拉近品牌與客戶之間的距離，建立及增強消費者對品牌的認知和感情。

**B.產品服務：**功能性為主的內容，介紹產品的特點、優勢、使用方法等內容，讓消費者了解產品的價值和功能，進而提高對產品的信任度，引發消費。

**C.解決方案：**解決問題為主的內容，以個人化的角度去滿足客戶的需求，解決他們的問題，用顧客用後感及讚賞等去提高品牌的價值和信任度。

**D.社會相關：**關注社會問題的內容，分享品牌所關注的社會問題和表達意見，讓客戶感受到品牌對社會時事的關注度和價值觀，更表達出品牌人性化的一面，有助提升品牌形象。

## 內容佈陣策略

根據以上的內容支柱制定內容策略，像足球佈陣一樣，佈陣後可清楚地計劃出各類型內容A-B-C-D的比例，如4-3-2-1即是品牌故事佔40%、產品服務佔30%、解決方案佔20%、社會相關佔10%，加起來是100%。不同品牌業務在不同階段的組合會不同，如新開業的店會以創辦人的初心、品牌故事和旗艦曲奇為重點宣傳，建議使用4-4-1-1陣式：

| 品牌故事 40% | 產品服務 40% | 解決方案 10% | 社會相關 10% |
|---|---|---|---|

如已開業數年有一班穩定客戶可轉陣1-4-4-2，因大部分粉絲已了解品牌故事，把重點放到產品及顧客用後感去吸引顧客。如非牟利機構就可用3-2-2-3，商場可用1-4-4-1，如沒有概念最安全是用2-4-3-1。

## 內容日曆

有內容方向及策略後可安排內容並寫在日曆上，這叫做內容日曆（Content Calendar），可把近兩星期或整個月的內容標題、方向和格式根據初步計劃的日子放到日曆內，可一次過查看所有內容，方便理解及修改，大家可到以下網址下載小編的 Content Calendar，記住記住要Make a Copy，否則所有人都會見到你的內容：https://bit.ly/siupin_ContentC

# 3.4 邊種格式最多 Like？
## Facebook 格式成效大對決

先前講過社群經營最重要是與粉絲互動，Meta 官方及教學網站都建議用影片內容，因較易引發互動容易跑 Like，但影片所花的心機和時間比圖片多，影片格式除了普通貼文還有 Stories 和 Reels，究竟哪一款成效最高？與其聽人講不如信數據，以下由社交媒體工具、市場調查公司及組織提供的 2022 年 Facebook 各格式自然接觸率及互動率比較。

## Facebook的互動率（Engagement Rate）

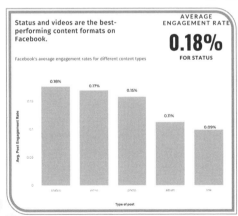

2022年Facebook 各格式平均互動率比較*
相片（Photo）0.15%
相冊（Album）0.11%
影片（Video）0.17%
連結（Link）0.09%
狀態（Status）0.18%
平均 0.18%

*資料來源：Social Media Industry Benchmarks 2023
（https://www.socialinsider.io/blog/social-media-industry-benchmarks/）

# Facebook自然接觸率（Reach Rate）

Facebook 各貼文格式自然接觸率的排名***（高>低）

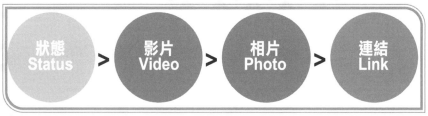

狀態（Status）>影片（Video）>相片（Photo）>連結（Link）

2022年Facebook的平均自然接觸率是5.2%***，調查發現粉絲愈多的帳號自然接觸率會愈低，有數據平台表示每年Facebook的自然接觸率都平均下降0.5-1.5%，所以好多品牌都用廣告去擴大接觸率，Chapter 5有投放廣告教學。

***資料來源：socialpilot.co
（https://www.socialpilot.co/facebook-marketing/facebook-statistics）

## 全文字的狀態更新最好數？

數據顯示全文字的狀態自然接觸率最高，但不等如不出圖片和影片貼文，數據無錯但仍然要人腦判斷情況，以香港為例，發佈狀態的大部分都是網媒或新聞平台，已有大量粉絲並以新聞及資訊性內容，去吸引用戶點擊在留言的文章連結，其他非媒體業務用圖片或影片會較易吸引用戶注意。

## 全文皆影片？

影片互動率排名第二要應該經常出片嗎？影片要配合內容種類先可發揮最佳效果，一般內容應該保持圖片格式，如有製作過程、訪問、幕後花絮、體驗或星級KOL才考慮使用影片，否則白費心機。可先參考本書Chapter 4.5關於影片的技巧，15-30秒的短片適合用Reels及Stories發佈。

# 引流應用連結貼文嗎？

連結貼文互動率低，Meta營銷專家指在Facebook貼上YouTube連結的互動率及自然接觸率是極低（Meta真不喜歡Google產品），如果要帶流量到網站或網購平台點算好？除了用引流廣告之外，如有優惠要去網站可先以影片或相片出文，再把網站文章連結放到留言，在內容說明留言有連結，就可以用互動率較高的格式去引流。

利用Status的高接觸率吸引用戶。

再把連結放在留言。

# 直播、Stories及Reels呢？

Facebook的直播影片、Stories 及 Reels成效又如何？除非社群已有大量鐵粉支持及特定原因如產品發佈、名人演説、論壇、嘉賓表演之外，做直播前要考慮清楚，要有很大的誘因才能令香港人坐定定睇直播，如只此一場、沒重播、比賽結果和全城追捧的產品發佈。另外小編發現在Facebook上發佈Stories和Reels原創內容的品牌比Instagram少，大多數都是轉發Instagram內容。

## 小編錦囊

做直播必須提早五至10分鐘開始，等待觀眾及測試聲音和畫面，建議直播內容不少於10分鐘，令系統有足夠時間提醒用戶來觀看。

# 3.5 Stories 同 Reels 跑數最好？ Instagram 格式成效比拼

Instagram 比 Facebook 的格式簡單，種類較少，基本的互動的方法有 Like、留言、轉發和收藏，小編應該花時間用邊款種格式好呢？可參考以下 2022 年 Instagram 各格式的互動及自然接觸率。

## Instagram互動率（Engagement Rate）

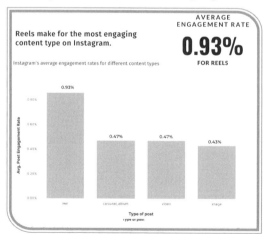

2022年Instagram 各格式平均互動率**
相片（Photo） 0.43%
輪播（Carousel） 0.47%
影片（Video） 0.47%
連續短片（Reels） 0.93%
平均 0.56%

**資料來源：Social Media Industry Benchmarks 2023
(https://www.socialinsider.io/blog/social-media-industry-benchmarks/)

# Instagram自然接觸率（Reach）

Instagram各貼文格式自然接觸率的排名\*\*\*（高>低）

連續短片（Reels）>限時動態（Stories）>影片（Video）>輪播（Carousel）>相片（Photos）

\*\*\*資料來源：socialpilot.co
(https://www.socialpilot.co/instagram-marketing/instagram-stats)

## 要全文Reels嗎？

教學平台及小編的經驗都指Reels的互動及自然接觸率都是全格式之冠，但不代表所有內容都做Reels，相片可盡量用Carousel，反而所有影片都用Reels格式發佈，以獲得更多互動量及接觸更多用戶。

## 互動黑馬Stories

Stories的互動率呢？Stories的互動只有Like，和私訊與其他格式的Like、留言、儲存和轉發不同，加上限時24小時亦很難比較。但Instagram Stories的厲害是高自然接觸率及互動貼紙！在Instagram引流除了用Bio的連結，更可用Stories連結貼紙，各大網媒都用 Stories帶流量去網站文章，另外有多款貼紙如投票、你問我答和輪到你了等提高互動功能，所以Stories絕對是提高互動量的黑馬。

# 一石二鳥的Instagram發佈術

Instagram為了方便使用Reels及Stories，讓Reels和貼文分享到Stories，更可同時發佈Instagram 及Facebook 的Stories。Instagram的Reels亦可發佈成影片及Facebook Stories，節省大量時間，更可享用高成效格式以跨平台發佈。

發佈Reels時可同時以Instagram貼文格式發佈。

發佈Reels到Facebook Reels。

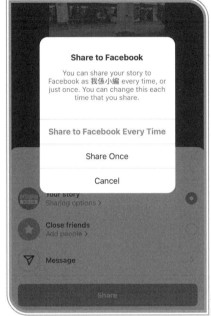

發佈Reels到Instagram及
Facebook的Stories。

## 出古惑的輪播（Carousel）

Carousel是小編強力建議的格式，用圖片內容就可得到影片的互動
率（0.47%），如果沒有資源做影片可把圖片用Carousel格式發佈，
Carousel適用於所有品牌及內容性質，另有幾多個表達手法及其他用法，
可參考本書Chapter 4.4及4.5關於各格式尺寸及例子的詳細説明。

# 3.6 每月出幾多 Post 先夠？
## 行為習慣決定一切

每月的發文數目視乎品牌類別、用戶習慣及資源，要好似新聞平台及網媒發佈天天新款的內容並不容易，一般品牌應該每月出幾多好？可參考 Facebook 及 Instagram 的品牌發文數據。

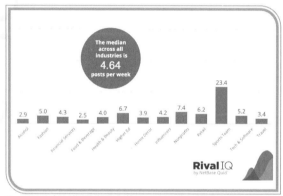

Facebook每星期平均發文數目：4.64篇*（註）

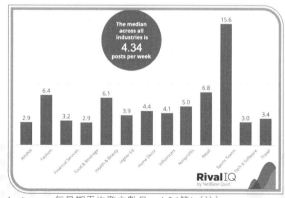

Instagram每星期平均發文數目：4.34篇*（註）

\* （註）資料來源：RivalIQ（已減去網媒）
(https://www.rivaliq.com/blog/social-media-industry-benchmark-report

數據顯示每星期品牌的平均發文數目是4-5篇，差不多一日一篇？數據說的是平均但不是最少數量，有能力做到4篇高質素內容當然好，建議每星期最少要有2-3篇，如每星期只有1篇貼文，在對手與各資訊平台的海量發文下，就算高質內容都好難突圍而出，但亦不要夾硬亂出低質素貼文，浪費時間更會影響品牌形象和粉絲的關係。先以每星期2-3篇為目標，再調整發文數目及內容以維持足夠的曝光率與互動量。

我們曾接手醫美客戶的Facebook及Instagram，上手小編為湊夠數每星期發文4-5次，但所有內容都非常相似，粉絲會Like一次、兩次但不會有三四五六次，更有用戶留言批評內容重複。接手後從新整理內容策略，每星期二（醫美識多一點點）及星期四（好好保養星期四）發佈產品知識及相關內容，星期六或日溫馨提示大家要好好休息以最佳狀態迎接星期一。接手後第二個月互動量上升200%，配合廣告令訊息查詢有500%上升。

# 邊日出Post成效較好？

好多新手小編會問一星期七天邊日發文較好？這受品牌性質、用戶的行為習慣和其他因素影響。如教學相關內容在星期一至五有較高的曝光率和互動，用戶傾向在返工的日子睇與工作相關的內容。Meta舊版Facebook有洞察報告（Insights），在貼文（如下圖）可知道粉絲的上線日子及時間，可惜新版Facebook專頁（New Page Experience）關閉了這個功能。Instagram可到Insights中總追蹤人數內的最活躍日子及時間，但我們查過多個行業帳號的數據都差不多。

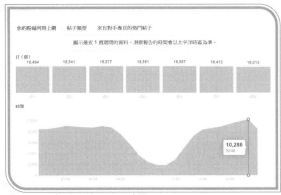

Facebook 粉絲上線日子及時間。

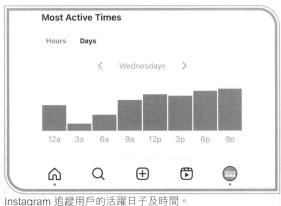

Instagram 追蹤用戶的活躍日子及時間。

## 60個帳號的數據

我係小編綜合了60個不同行業的帳號數據顯示,星期二、三和四用戶的互動量較高,尤其星期二和三成效最好,可把重點在這兩天發佈。星期一或假期後大家還有Holiday Mood,未適應要返工返學,較懶去互動或閱讀複雜的內容,星期五有人不用工作或準備迎接週末,建議發佈較輕鬆或與週末假期有關的內容,較易吸引互動,最佳時間在下一節會詳細講解。

### 小編錦囊

小編可把7-8成的內容以固定日子發佈,其餘2-3成可用做A/B測試,不定期地發佈測試用戶反應,用一個月時間試出最佳的出文日子,如一星期發文3次,可用其中一個貼文做測試。

# 3.7 返工、放工時間最得閒睇 Post？發文黃金時間表

決定好發文日子但應該安排邊個時間發佈最好呢？各種內容針對不同的客群，最佳時間取決於目標客群的行為習慣，對目標有深入的了解就可以掌握最佳發文時間。

## 目標受眾的行為習性

我們曾替從事嬰兒產品零售的客戶經營帳號，目標客群是初生嬰兒的媽媽，於是在早上、午飯及下午放工三個時段發文，估計早上八至九時的上班時間成效會最好，但結果在午飯時間發佈的互動數量，比其他兩個時段多出一倍，點擊購買比其他時段平均高出50%以上，之後訪問了購買產品的媽媽，她們說早上要趕着上班，沒有時間仔細閱讀理解產品內容，放工時間不太穩定及趕着回家，所以午飯時間是她們唯一的 Me Time，飯後可上網購物。這證明了解目標客群的行為和習慣對發文時間的關係。

## 內容種類

內容種類與目標客群的行為會影響發佈時間，如助眠藥物可在深夜至清晨時段發佈，讓失眠的用戶最需要時見到產品引發購買欲。如早餐優惠若果中午時段發佈，距離食早餐還有距離，用戶沒有急切的早餐需要而忽略內容，若改為晚飯後、睡前或上班前的時段發佈成效更好。

小編K在媒體工作的時候，編輯經常在晚上至凌晨發佈關於感情和性愛的內容，讀者傾向在夜闌人靜的時間閱讀該類內容。要多考慮內容性質和用戶的行為習慣，去決定發文時間接觸目標客群贏得互動。

## 發報時間參考

若不知道目標受眾的行為和習性，可參考下分析，我們把一天的時間分為七個時段，再配合星期一至五、週末、週日及公眾假期一般用戶的行為習慣，分析各時段用戶行為及內容：

### 星期一至五

07:00-09:00：返工返學時段多數會閱讀新聞、資訊性和故事性的內容。

09:00-12:00：返工要想看與工作、教學和知識性內容。

12:00-14:00：午飯時段適合發佈飲食、休閒及消費性內容。

14:00-17:00：放學時段適合發佈針對年青人、休閒內容及消費性內容。

17:00-21:00：放工及晚飯時段適合輕鬆、休閒及消費性內容。

21:00-00:00：飯後及睡前時段，適合所有內容。

00:00-07:00：深夜及清晨時段，可趁競爭較低的時段搶客。

### 週末、週日及公眾假期：

用戶在假期的作息時間和行為都沒有規律，如果天氣好會出外，閱讀內容的時間相對較少，各媒體和品牌發佈量較少，可試在星期六10:00-12:00，及假期最後一日21:00-23:00返工返學前一晚發文，可能有意外收穫。

Chapter 44

全方位內容

製作懶人包

# 4.1 文盲都能寫？吸晴標題內文生成秘訣！

大家每日平均閱讀超過 200 個 Post，要突圍而出並不容易，尤其貼文在動態消息只顯示頭 2 至 4 行文字，要吸引用戶點擊閱讀更多有一定難度。首先要了解文字架構及用簡而精的文字吸引用戶。如果文字處理能力一般或是文字苦手應如何寫文？先看以下兩個例子，邊款更吸引你閱讀呢？

## 例子一

為了關懷社區中的長者，讓持有長者卡的長者得到幫助。今日起任何持有長者卡的長者到旺角好味街666號地舖發記茶餐廳，可免費獲得一份豐富的午餐。午餐包括老火湯、午市飯盒、水果以及熱飲，確保每位長者都可以品嘗到美味的食物，並藉此提高他們的生活質量。數量有限，送完即止。這是我們的一份小小心意，希望藉此讓更多的長者感受到社區的溫暖與關懷。

## 例子二

#發記茶餐廳 免費午餐送贈長者

為幫助有需要長者，今日起凡持有長者卡的長者在午市時段到發記茶餐廳，可免費獲得午餐一份，包括老火湯、午市飯盒、水果及熱飲。希望能幫助到更多有需要的長者！數量有限，送完即止，請盡早到發記茶餐廳。

**發記茶餐廳地址：旺角好味街666號地舖**

為何例子二較吸引易明？因為內容精簡易明，亦將文字分做四個部分，分別是標題、內文、行動呼籲和主題標籤，令用戶更易閱讀及理解。

## 標題

用簡短句子總結內文，令用戶花少於3秒去明白標題的意思，任務是吸引用戶點擊「更多」閱讀完整內文。標題用字要簡而精去突出內容重點，字數盡量少於18個（Facebook）及15個（Instagram）中文字，建議一行之內方便閱讀，可看以下例子：

### 例子一：

奧斯卡完整得獎名單👇
9個字加一個簡單符號完整地講解內文內容，符號有行動意味叫大家向下閱讀內文，吸引想知道奧斯卡所有得獎名單的用戶。

**例子二：**

招牌午餐限定優惠七五折

用11個字完整地講出午市套餐、限時優惠、折扣三個重點。

**小編錦囊**

可用數字去突顯內容的豐富程度，吸引用戶閱讀如「六個不可不知的迷人眼妝」、「2023年7個社交媒體及數碼營銷趨勢」和「日本九個求婚熱門地點」，清晰地表達資訊，吸引閱讀。

# 內文

標題成功令用戶點擊「更多」之後就靠內文的功力，內文字數建議在50-200字，保持精簡方便閱讀，段落亦最好不過三段，品牌形象許可的話可用表情符號去吸睛、隔開文字及加強語氣。如上面的例子二發記茶餐廳的內文用100字已精楚表達事件內容。如有長篇解說可用列點表示，或先在標題說明「長文」、「事件真相」，令用戶知道有長文故事而作出心理準備。

# 行動呼籲

行動呼籲（Call To Action 簡稱 CTA）是希望用戶看完貼文後作出的行動，例如留言互動、參加活動、到網店購物或到餐廳試食新菜式等，通常放在內文末段，當用戶看完內容後加強作出行動的意欲。配合清晰說明的圖片，亦可放到標題之下，如「季尾清倉所有貨品九折發售」已完全解釋內容意思，第二行可用「立即去以下網址購買」去加強行動呼籲。要注意Instagram因內文連結不能點擊，所以可用縮短連結方便用戶輸入或提示到Bio點擊連結。

**小編錦囊**

在行動呼籲前加入表情符號突出行動的重要性，或隔一行令呼籲更突出和更清晰，用詞要簡單直接如「立即申請」、「即刻睇」、「產品詳情」、「立即預約」等。

## 主題標籤

主題標籤（Hashtag）是協助分類及找出相關主題內容。在Instagram可透過Hashtag幫助展示給更多用戶，例如珠寶店發文加入 #weddingring #weddingjewelry 令搜尋或點擊Hashtag時會出現珠寶店的內容。Hashtag 還可以鞏固品牌形象，用品牌名稱做Hashtag如 #imsiupin #我係小編 去加強用戶對品牌的印象。Facebook Hashtag 對自然接觸量及搜尋沒有很大幫助，小編會用來「講真話」或加強語氣，用Hashtag講真話或抒發感受可增強品牌人性化的形象，如 #一早起身就出Post #真係好平 #用過返唔到轉頭，但要確保品牌形象及接受程度不會過火。

**小編錦囊**

Hashtag 最多只可用30個，重複使用第二個會變成純文字，不會變顏色及Underline。研究發現較高互動量的貼文Hashtag數目是8-10個，亦可在內文之後隔1-2行才放Hashtag。

# 4.2 美感是零的我應點樣設計？
## 6個簡單易明設計心法

小編是設計達人還是美術零分？在資源不足的情況下又是要小編擔當設計圖片及製作影片。有調查發現超過 80% 社交媒體用戶的閱讀次序是先圖後字，要圖片吸引先會詳細閱讀內容及互動，所以圖片設計是成功的關鍵之一。如果是設計苦手亦不需擔心，試根據以下六個圖片設計心法，美感是零都可以成為設計達人，如需要設計工具介紹可到 Chapter 7「小編八大神級工具推介」。

## 1.相片剪裁的黃金法則

很多設計都用相片做素材，但相片的大小不一，要剪裁成適合貼文尺寸才可用，應點樣裁相先可以最吸引用戶眼球？先看以下六張圖片，你覺得邊幾張構圖較吸引？

細心發現較吸引的圖片主體都不是在相的中間，這叫做黃金法則，構圖是攝影手法的一種，黃金法則可幫助大家輕鬆做出美觀吸引的構圖，特別適合有人物的相片。先把相片平均地分成九格，就像在相片加上井字一樣，井字線交叉的地方叫做興趣點，把相片的主體移到興趣點就可以做出平穩安全和吸引的構圖。

兩件產品都在興趣點上。

先看女Model。

**小編錦囊**

黃金法則可把主體從雜亂的背景中突顯出來，若相片比較簡潔物件較少、完全對稱或個人肖像則不適合使用黃金法則。

對稱的建築物不適合使用黃金法則。

人肖像不適合使用黃金法則。

## 2. 貴精不貴多

除非相片所有內容能強而有力地表達出內容意思，否則圖片中需要加入文字協助用戶了解內容及吸引注意。加入文字不是愈多愈好，如果將所有產品資訊都放入圖片內會令人花多眼亂，例如將整個餐牌用作貼文圖片，資訊太多沒有焦點令用戶難以明白。要謹記「重點不過三」，一張圖如果有太多重點就會變成零重點，相片、標題及副標題各一點剛剛好，不要貪心。

突出重點。

## 3. 閱讀習慣

一般人的閱讀習慣是由圖的上至下及左至右,如有重要的產品資訊、標題及相片主體可放到圖上方左上的興趣點,先吸引眼球再把副標題放到中、右及中下位置,可看到閱讀次序的分別。

由上至下左至右清楚表達。

## 4.圖字對齊

所有貼文圖片的圖文要對齊,除了令結構更明確及美觀整齊之外,還可建立專業形象,對齊可分左、中和右。另外字和圖之間的空隙都要平均,不要時大時細,要以容易閱讀為先,可看下圖對齊前後的分別。

圖字不對齊不置中。

## 5.字體和字型大小

圖片用多款字體令人難以閱讀，每張貼文圖片最好使用不多於三種字款。最常見是標題及副題各一款，如有需要可用第三款字型加強效果，例如價錢的爆花設計。字型大小下限為16pt，字型太小難以閱讀，可看以下例子及比較。

字型太細好難閱讀。

## 6. 顏色對比

顏色對比顧名思義就是要用對比色做文字配色，對比色並不是要撞到五顏六色，如沒有概念可用調色板（Color Palette），再選取最佳的顏色對比及配搭，起碼不會「黐地」，亦不需要每次都局限於黑白色的文字。大家可用免費工具coolors.co製作調色板，方便找出對比度高又較舒服的顏色做設計。

柔和配色。

# 4.3 貼文款式花多眼亂點揀好？Facebook 格式尺寸全集

Facebook 常用的格式有連結圖片（Link Post）、圖片（Photo Post）、影片（Video Post）、直播影片（Live Video Post）、限時動態（Stories）及連續短影片（Reels）。發佈前要考慮素材大小是否符合 Facebook 的最佳尺寸，否則不會顯示完整內容。

## 連結圖片

Facebook 連結圖片建議尺寸是1200x630px的.JPG或非透明的.PNG圖，它與Twitter和LinkedIn的連結圖片尺寸比例相同。

## 圖片貼文及顯示方法

所有Facebook的圖片格式建議用高質素RGB的.JPG或非透明背景.PNG
格式相片，相片檔案上限為30MB。系統會因應上載圖片的長闊比例及數
目，而改變在Timeline的預覽及排版方法。如相片尺寸太長或太闊可能不
會完全顯示，要留意重要訊息及Logo會否顯示在範圍之外，但無論是那
一種方法當點擊後都會完整顯示圖片。

### 圖片貼文：一張圖

最佳的尺寸比例是4:5，建議大小是1080×1350px，這比正方比例的圖
片停留在畫面上的時間較長，較多時間吸引用戶閱讀及互動。有需要亦
可用1:1正方比，建議尺寸1080×1080px。

1080x1350px

1080x1080px

**圖片貼文：兩張相片及排版**

Facebook在多過一張圖片會因應圖片的闊和長度去決定排版，兩張圖片
有三個排版方式如下：

**排版一：** 上載第一張圖的闊>長，會顯示兩張2:1比例的相片，適合橫度
圖片。

**排版二：** 上載第一張圖的闊<長，會顯示兩張1:2比例的相片，適合直度
圖片。

**排版三：** 不建議使用排版三，因為貼文很短較難吸引用戶注意。

排版一

排版二

排版三

**圖片貼文：三張圖片及排版**

三張圖片在Facebook的排版方式有三種：

**排版一：** 上載第一張圖的闊>長，會以2:1的比例顯示，其餘兩張圖用1:1
正方比，適合橫度相片。

**排版二：** 上載第一張圖的闊<長，會以1:2的比例顯示，其餘兩張圖用1:1
正方比，適合直度相片。

**排版三：** 不建議使用排版三，因為貼文很短極難吸引用戶注意。

排版一

排版二

排版三

## 圖片貼文：四張圖片及排版

四張相片在Facebook的排版方式有三種：

**排版一：** 上載第一張圖的闊>長，會以2:1的比例顯示，其餘的會以1:1正
方比例，適合橫度相片。

**排版二：** 上載第一張圖的闊<長，會以2:1的比例顯示，其餘的會以1:1正
方比例，適合直度相片。

**排版三：** 四張都是1:1正方比例的相片，使用1080x1080px的相片可完全
顯示。

排版一

排版二

排版三

**圖片貼文：五張或以上的圖片及排版**

舊版Facebook專頁（如下圖），五張與四張相片的排版，一樣在第四張圖上顯示圖片數目。

舊版排版一

舊版排版二

舊版排版三

如新版Facebook專頁會用不同的排版顯示，在第五張圖上顯示圖片數目。

**排版一：** 上載第一張圖的闊<長或闊＝長，所有圖片會以1:1正方比例顯示。

**排版二：** 上載第一張圖的闊>長，第一及第二張圖會以1:1正方比例顯示，要留意重要訊息及Logo不在顯示範圍之外。其餘的會以6:4比例顯示，適合橫度圖片。

排版一

排版二

## 影片貼文

Facebook影片支援最高的4:5 比例顯示，建議尺寸是1080x1350px，亦可用1:1正方比例，尺寸是1080×1080px。不建設用傳統高清格式16:9比例，因為貼文會較短，很難吸引用戶注意。

1080x1350px

影片的檔案格式如下：

- 使用高質素非透明背景的.MP4 或.MOV格式。
- 檔案大小：以4GB 為上限。
- 長度限制：1 秒至240分鐘。
- 標題：25個字元。
- 說明文字最多為2,200。

## 直播影片

Facebook直播影片支援16:9比1920x1080px和9:16比例1080x1920px的影片。

直播影片檔案格式及限制如下：

- 長度最多為 8小時。
- 每秒顯示幀數為30FPS。
- 視像轉碼器：H.264及Level 4.1

# 限時動態（Stories）

Facebook Stories的最佳比例是9:16，建議用1080x1920px的圖或影片可填滿畫面，尺寸不符系統會放大、縮小圖或補上底地，要留意影片和圖片的Stories長度會不同。

可用互動貼紙。

Stories的檔案格式如下：

- 影片長度最多為26秒。
- 影片建議使用高質素非透明背景的.MP4或.MOV格式。
- 影片檔案上限為4GB。
- 影片每秒顯示幀數為30FPS。
- 圖片長度最多為5秒。
- 圖片格式建議用高質素RGB的.JPG或非透明背景的.PNG格式。
- 圖片檔案上限為30MB。

## 連續短影片 (Reels)

Facebook Reels的最佳尺寸比例是近乎全畫面的9:16，建議尺寸是
1080x1920px。要留意因Reels的右下方和底部有界面按鈕覆蓋影片，不要
把重要的資訊及Logo放得太近。

Reels的檔案格式如下：

- 最長不可以超過60秒。
- 使用高質素非透明背景
  的.MP4或.MOV格式。
- 檔案上限為4GB。
- 每秒顯示幀數為30FPS。
- 說明文字最多為2,200。

# 4.4 貼文慘被放大縮小？
# Instagram 格式尺寸全集

Instagram 的格式沒 Facebook 多花款，分別有圖片（Photo Post）、影片（Video Post）、直播影片（Live Video Post）、連續短影片（Reels）及限時動態（Stories）。若不符合 Instagram 的最佳尺寸會有機會不能完整顯示內容。

## Instagram 圖片貼文

Instagram貼文圖片最佳比例與Facebook一樣是4:5，建議尺寸是1080×1350px，亦可用1:1比例的1080x1080px，因正方比例在Instagram Bio可完整顯示預覽圖。

1080x1080px

Instagram 圖片檔案格式如下：

- 使用高質素RGB的.JPG或非透明背景.PNG格式。
- 檔案上限為 30 MB。
- 說明文字最多為2,200。

1080x1350px

# 輪播 (Carousel Post)

輪播最多可顯示10張圖片或影片,會根據點選次序在已選素材右上的數字表示次序,1為最先到至10為最後。

1080x1350px

輪播貼文的圖片次序。

Instagram 輪播檔案格式如下:

- 圖片使用高質素RGB的.JPG或非援透明背景.PNG格式。
- 圖片檔案上限為 30 MB。
- 影片最長不可以超過 90 秒。
- 影片使用高質素.MP4或非透明背景.MOV格式。
- 影片檔案上限為4GB。
- 影片每秒顯示幀數為30FPS。
- 說明文字最多為2,200。

Carousel有多種玩法，例如把全景相片分割做2至4張相片顯示，當用戶滑去向下一張相片可更連貫性地說故事。

### 小編錦囊

留意輪播圖片影片用相同比例顯示，即如第一張圖片是1：1比例1080x1080px，在第二及之後的內容比例都會以1：1顯示，如果相片比例不一，系統會自動放大縮少或補上底色去跟隨第一張的比例，建議先統一所有尺寸比例才上載。

留意輪播各素材的尺寸大小。

# 連續短片（Reels）及影片

Instagram的連續短片（Reels）可同時出現在Timeline和Reels之中。Reels支援比例由1.91:1到接近全畫面的建議9:16比例1080x1920px。要留意因Reels的右下方和底部有界面按鈕覆蓋影片，安全區域大約是置中的980x1720px，不要把重要的資訊及Logo放得太近邊線。

1080x1920px

1080x1920px

Reels 支援的影片檔案格式如下：

- 最長不可以超過 90 秒。
- 使用高質素.MP4或非透明背景.MOV格式。
- 檔案上限為4GB。
- 每秒顯示幀數為30FPS。
- 說明文字最多為2,200。

# Instagram 直播影片（Live Video）

Instagram 直播只提供直度9:16比例1080x1920px的格式，所以一定要直立式拍攝，直播完畢後必定要記得按儲存影片到手機內，否則它不會自動存檔。

Instagram 直播影片檔案格式及限制如下：

- 直播影片長度最多為4小時。
- 使用高質素.MP4或非透明背景.MOV格式。
- 影片檔案上限為4GB。
- 影片每秒顯示幀數為30FPS。

# Instagram 限時動態（Stories）

Instagram Stories 支援由最1.91:1比例1080×608px到建議的9:16比例1080x1920px，使用1080x1920px的相片或影片可填滿畫面，尺寸不符系統會自動放大縮小及補上底地。

Instagram Stories的長度由7秒到60秒不等，一般圖片、文字及分享貼文的靜態Stories長度是7秒，影片最長是60秒。用Instagram Stories亦有很多互動貼紙（Stickers）可提高互動率及流量，可看以下最受歡迎的5種互動貼紙介紹。

## 5種最受歡迎的 Instagram Stories 互動貼紙

表情符號拉Bar。

連結貼紙。

問答回覆。

投票活動。

輪到你了。

**表情符號拉Bar（Emoji Bar）**：以表情符號強弱去表達支持及認同，簡單易用。

**連結貼紙（Link）**：可引流用的連結按鈕，對沒有貼文連結的 Instagram 是十分實用。

**問答回覆（Questions）**：你問我答的形式吸引用戶去了解關於產品的用法或對事件的想法。

**投票活動（Poll）**：用法簡單更可引發用戶互動。

**輪到你了（Add Yours）**：引發用戶發佈 Stories 去參與主題，增加擴散能力。

Instagram Stories 檔案格式及限制如下：

- 影片長度最多為60秒。
- 影片使用高質素.MP4或非透明背景.MOV格式。
- 影片檔案上限為4GB。
- 影片每秒顯示幀數為30FPS。
- 圖片長度最多為7秒。
- 圖片使用高質素RGB的.JPG或非透明背景.PNG。
- 圖片檔案上限為30MB。

# 4.5 點製作多 View 多互動影片？
## 7 個重點全面睇

近年社交媒體流行製作短片，即長度為 15 秒到 1 分鐘的影片，以輕鬆明快的節奏有效地把品牌及產品服務訊息帶給用戶，但製作影片並不容易，而影片內容如表演、活動花絮、剪綵、街頭訪問等，小編應該如何製作影片才可以吸引用戶觀看而增加互動呢？可留意以下幾個短片製作時要注意的地方。

## 先計劃後拍攝

製作影片內容比設計圖片更需要更周詳的計劃，無論是幾短的內容都不要等到拍攝當日才決定，可先用文字寫出故事大綱，就算是簡單的產品試用都要事前安排示範的先後次序，把最吸引的內容放在開端，吸引用戶注意，再把其他部分放到中至末段。如果是大型製作，有需要找專業團隊或設計小編粗略把場景（Storyboard）畫出來，方便與各單位及老闆溝通，更有助攝影師跟Storyboard拍攝。

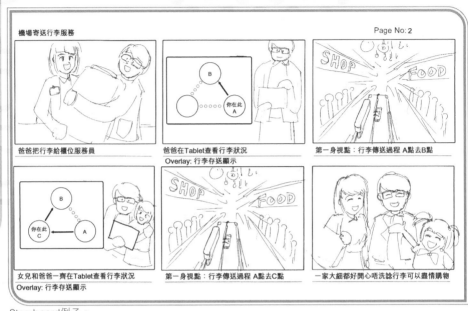

Storyboard例子。

## 手機為王的直度影片

傳統的影片尺寸是橫度16:9比例，但在人人用手機上網的年代，觀看橫度影片很不方便，在拍攝或製作時應考慮影片是否會在社交媒體發佈，影片貼文就應把內容以4:5的比例拍攝，而Stories和Reels則可用直度的9:16比例，以提供更好的用戶體驗。

9:16

4:5

## 未雨綢繆多角度拍攝

如有機會拍攝訪問、活動情況及花絮、產品示範等影片，盡量以多角度拍攝，拍攝得來的影片，可以用不同的內容角度分成多條短片「碎上」，不要一發文就「晒冷」，應分別放到Stories、Reels、和其他格式，可吸引更多用戶及增強影片的可看性。

## 重點連還擊

大家都明白社交媒體內容氾濫，培養出專注力低的用戶，好少人會用2-3分鐘觀看整條影片，除非是電影導讀或連續性強的內容，所以在社交媒體平台上發佈的影片，要像電影預告片一樣「短小精幹」，每3-6秒要有吸引用戶的重點，可以是轉標題、轉場景、轉介紹重點等留住用戶。

## 最佳影片長度

根據Meta Marketing Pro專員分享，Facebook和Instagram Stories及Reels的最佳長度是15秒至30秒，30秒以上的影片互動率開始下降，完成觀看整條影片的人數也大幅減少，所以要好好考慮影片內容的長度以短取勝，貴精不貴多。

## 字幕更勝千言萬語

有超過八成使用社交媒體平台的用戶都會把手機設定上靜音模式，若果影片有對白或旁述，盡可能加上字幕方便用戶理解，如畫面有受訪者「口噏噏」但又沒字幕，會趕走大批用戶。

中英文字幕。

## 影片預覽圖

不是所有用戶都把影片設定成自動播放，影片預覽圖有助用戶了解影片內容而加強點擊播放率，除了用影片截圖，亦可上載為影片設計的預覽圖，加入標題及簡短的解說，增強用戶理解及點擊影片，記得要留意預覽圖尺寸大小。

## 資源不足?用Reels模板！

很多小編都因為資源問題，沒有時間或金錢去拍攝，除了可使用影片剪接工具把多張相片拼砌成影片外，亦可以使用Instagram Reels的模板，這些模板已預設好相片的出入時間，配合音樂的節奏，可直接使用。

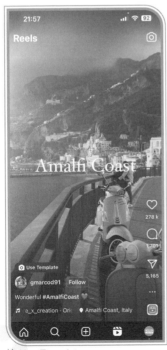

按 Use Template。

模板已設定好出圖時間。

# 零失敗 廣告投放實戰教學

想擴大接觸率、吸引客群互動及轉化就要留意以下的零失敗的廣告投放實戰，我的小編團隊曾經替過百個品牌，投放近千萬元的 Facebook 及 Instagram 廣告經驗，以下同大家分享新手落廣告要注意的重點和心得！

# 5.1 點解要投放廣告？
## 認識廣告投放 4 大原因

好多新手小編想跑 Like 追 View，會按貼文的「加強推廣」落廣告，落完廣告使完錢都未見成效，而另一邊有小編跑產品查詢每月跑出十多萬收入，究竟如何做到？首先要知道落廣告的原因，再認清目標同各項設定。

## 增加互動擴大社群

在第二章有提過互動是經營社群的重點，有互動的社群才可持續增長，落廣告可接觸到粉絲以外的指定客群，配合適當的內容吸引他們成為粉絲，有助擴大社群及持續保持用戶的互動，推廣品牌及增加日後轉化的機會。

## 擴大接觸量

社交媒體用戶及品牌帳號愈來愈多，Meta利用演算法令用戶見到較多與他們相關或感興趣的內容，加上Meta每年都會調低Facebook及Instagram的自然接觸率，令內容更難出現在用戶的Timeline。佛心的Meta提供廣告功能，可突破演算法去擴大內容接觸率，有助拓展品牌及業務發展。

## 營銷工具開發潛在客戶

廣告獨有的目標比普通發文更有助開發潛在客戶,如網店用產品做廣告引流到購物網站,小店會用廣告增加WhatsApp和Instagram Messenger的產品查詢,汽車品牌會用即時表格去獲得客戶的資料,安排試車服務等,這些廣告有助拓展業務及尋找新客戶,比起守株待兔等人查詢,不如主動出擊推廣產品服務。

引流到網站的廣告。

WhatsApp廣告。

## 精準營銷找出受眾

廣告系統可精準地針對用戶的年齡、性別、所在地區、興趣、行為習慣及使用裝置,把廣告推送給指定受眾群。亦可用再營銷方法找出曾經到過網站的消費者、接觸過廣告或與舊顧客類似的客戶投放廣告,比起吸引新客有更高的轉化率及成效。

## 廣告格式有幾多種？同普通Post有甚麼分別？

Facebook和Instagram廣告格式不多，但以廣告目標分類的就有十多種，由跑流量跑Like到跑下載和查詢等目標，先要知道廣告與普通貼文的分別及出現的位置。Meta把廣告溶入到Timeline及各種功能之中，最大分別是廣告沒有發佈日子而變成贊助( sponsor )，可看以下比較。

產品購買廣告在品牌名稱下寫上贊助(Sponsor)。

普遍貼文在品牌名稱下顯示發佈日期。

## 可以去邊度落廣告？

投放廣告可到Facebook或Instagram貼文的「加強推廣」，或使用Meta的官方工具：廣告管理員(Ad Manager)投放及管理廣告。雖然近年手機版的廣告管理員已進化了，但相比起桌面版仍然不夠全面，想精準地落廣告或開發潛在顧客就要用廣告管理員，因貼文的「加強推廣」落廣告方法較簡單，沒有太多目標、行為和其他設定，所以建議大家先學桌面版的廣告管理員，學好之後可下載手機版去編輯及檢查廣告成效。

## 5.2 點落廣告不會倒錢落海？
## 定立明確的廣告目標

落廣告的流程基本上由三部分組成，首先是「宣傳活動」設定廣告目標、之後到「廣告組合」去設定廣告受眾、預算及版位，以及到最後的「廣告」去揀選廣告素材。

### 廣告目標

做人要有人生目標，落廣告要定好目標才不會倒錢落海，廣告目標以有利業務發展為主，例如網店引流入網站購物增加銷售，目標就揀「流量」，小店想多人認識品牌及產品可用「知名度」，想多Like可選「互動」，Meta可選的廣告目標有：

**知名度(Awareness)：** 擴大對品牌及產品感興趣用戶的接觸量去提升品牌知名度，增大接觸人數(Reach)及觀看影片(Video View)。

**流量(Traffic)：** 帶人流前往網站、 WhatsApp或Facebook與Instagram Messenger 展開對話。

**互動(Engagement)**：增強貼文互動(讚好、留言和分享)、讚好
Facebook專頁，Facebook或Instagram
Messenger及WhatsApp訊息。

**潛在顧客(Leads)**：發掘對品牌或產品有興趣的用戶，利用表格方式獲得
他們的聯絡資料，例如電郵地址、電話和手機號碼
等。

**應用程式推廣活動(App Promotion)**：推廣應用程式增加安裝數量。

**銷售業績(Sales)**：吸引用戶在網站、應用程式或 Messenger 購買商品
和服務。

例如小編K幫手作品牌Goodafternoonwork管理Facebook及Instagram帳
號，除了擺市集收訂單，Inbox訊息是其中一個重要渠道。手作朋友想要
Like又想要Followers還想有新客，小編K以生意角度出發，先跑訊息量
增加查詢，於是在廣告目標選了「互動」，若之後想多人認識可用知名
度。

## 廣告管理員（Ad Manager）

了解廣告目標後就可以到廣告管理員，先去桌面版的廣告管理員：
https://www.facebook.com/adsmanager，如果你是第一次到廣告管理
員，要檢視並接受Meta的
無歧視及了解其他政策，
有些選項的出現次序會因
廣告目標而不同。

廣告管理員。

## 宣傳活動名稱

先按「建立」去建立廣告，如被問到「宣傳活動設定」可先揀「手動流量宣傳活動」，透過標準設定從頭開始建立流量宣傳活動。「選擇宣傳活動目標」即是投放廣告的目標，可從以上的知名度、流量、互動、潛在顧客、應用程式、推廣活動及銷售業績中選一個，小編K在目標中揀了「互動」。

廣告管理員。

為宣傳活動命名替宣傳活動改名，廣告組合及廣告名稱可暫時略過，名稱以廣告投放年份及月份、客戶名稱及目標為主，如廣告年及月份_客戶名稱_廣告目標，方便日後搜尋廣告：2023Mar_GoodAfternoonWork_MessengerTraffic

## 特殊廣告類別和宣傳活動詳情

如廣告不是與以下類型相關可略過：信貸、就業或住房相關，或是關於社會議題、選舉或政治，而購買類型保持競投便可。

## A/B測試和高效速成宣傳活動預算

可暫時略過，在稍後的Chapter 6.2 「點做A/B測試？A/B測試搵出爆數廣告設定」會有詳細説明。

# 5.3 應使幾多廣告預算？ 廣告花費計算方法

進入廣告組合設定包括有受眾、預算、投放時段、廣告版位和優化與刊登。

## 廣告組合

廣告組合名稱與宣傳活動名稱的命名方法相似，但會以加入受眾的描述及特點，如品牌_地區及目標受眾_特點1_特點2，方便識別各組合的成效：GoodAfternoonWork_HKfemale25-44_CraftLover_FBonly

## 轉換位置

轉換位置即是用戶轉化成顧客的地方，手作品牌經訊息與客戶溝通，「Messenger」就是轉換位置，還有其他轉換位置如網站、應用程式、

WhatsApp、通話等，小編可先考慮客戶的習慣選出渠道作出轉化。

## 預算和排定時間

預算分為單日預算和總經費兩種計算方法：

**單日預算：**把每日的廣告費維持在單日預算內，例如單日預算為$100總共投放7天，平均每日會花$100總花費為$700，如已知廣告大約成效想持續投放可用單日預算。

**總經費：** 將廣告總花費維持到總經費內，如落7日廣告總額是$700，系統會因廣告成效調整每日預算，但會保持總花費仍然少於$700，如投放時間較短（少於7天），或未能估計廣告成效可用總經費。

小編K因為剛接手管理手作品牌帳號，要試水溫投放7天看結果，所以先用總經費方法投放7日共$1,000港元，之後再基於成效優化廣告。

**小編錦囊**

幾個廣告投放預算和時間建議：

• 廣告投放建議最少投放7天，因系統要1-5天時間去學習穩定廣告費，廣告針對愈有價值的客戶所需要的學習時間會愈長，如開發潛在客戶比擴大曝光量系統需要更多時間學習。

• 預算建議一般廣告目標如加強曝光和互動，每日平均預算最少$50，訊息就每日最少$120，開發潛在用戶最少$250，等系統學習完再調整預算。

• 廣告每日預算最多大約是$1,200港元，單日預算太多系統也不一定會用完，與其All In一個廣告，建議建立多個廣告分散投資，看成效優化。

**排定時間**

廣告開始時間應預留20-30分鐘，令有足夠時間做餘下的廣告設定。結束時間可用23:59，單日預算投放不用設定結束時間，系統會持續投放到停止廣告。

### 排定廣告時間及時區

如選擇總經費投放在顯示更多選項中，可根據排定時間刊登廣告去顯示廣告，即是可在指定日子和時段顯示或停止廣告，可根據用戶的行為習慣去選擇最多客戶上線時間去吸引顧客。例如小編K研究過很多喜歡手作產品的客群，都是夜睡遲起的「夜貓子」，於是把投放的時間設定為上午11時至凌晨2時，其他時間不顯示廣告。廣告時區用使用廣告受眾的時區便可以了，除非有 Campaign指定要全球同時間發佈。

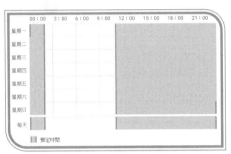

# 廣告受眾篩選條件

右手邊的潛在觸及人數（Potential Reach）可推算出廣告可接觸人數的範圍，要注意這並不是廣告實際會接觸到的人數，而是基於受眾設定而跌入可接觸範圍的人數，之後會解說人數多少與廣告成效的關係，強烈建議做每個設計後都檢查人數升跌，以測試及優化廣告設計。

### 預計每日成效

有部分廣告帳號在廣告受眾篩選條件之下，會有預計每日成效，這根據你的預算與受眾設定而推算的成效，可參考預計結果去修改預算，但不能盡信，因為系統不能預計受眾對廣告內容的反應。

# 5.4 如何找出大學生受眾？ 目標受眾設定之地區篇

**廣告受眾在廣告設定中非常重要，受眾設定以地區位置、年齡、性別、詳細的目標設定、語言去找出相關客群。**

## 加深客戶了解

如何知道受眾的年齡、性別和興趣？小編K先要了解手作品牌的顧客背景才落廣告，首先問問有沒有舊顧客資料如年齡、性別、居住或工作區域和興趣等的目標設定。

### 小編錦囊

如果沒有顧客資料可通過問卷了解，用Google表格製作問卷並派發給客戶收集資料，可配合獎賞吸引填寫。可先由糾集20-50個客戶資料開始，之後慣性地加入及更新，便可建立出專屬目標受眾資料庫。

## 廣告受眾

因為這是全新的廣告帳號，所以可忽略「自訂廣告目標對象」的部分，若已有儲存的廣告受眾亦可使用，亦可以建立類似廣告受眾，用來接觸與你現有顧客有類似興趣喜好的新用戶，在之後的章節會詳細講解。

## 位置

可輸入地區名稱針對指定地點的人群，有四個選項要好好了解，可令廣告更精準：

**居住或最近在此地點的人：**填寫居住地點或長期停留在這地點的用戶，包括居住或在這裡工作的用戶。

**居住在此地點的人：**居住地點或根據用戶晚上長期停留在這地點而被定義為「居住在此」的用戶。

**最近在此地點的用戶：**最近經過或在這裡工作的用戶，例如商業區的辦公室地點。

**在此地點旅行的用戶：**曾出現在這裡但與居住地點距離超過 125 miles/200 km以外的人，可用於酒店及景點，針對到過該地點的旅客。

### 小編錦囊

建議分開使用「最近在此地點的用戶」與「居住在此地點的人」，若選擇「居住或最近在此地點的人」會同時包含最近到此出現、工作及居住這兩種不同行為的人，難以用住宅及工作地點分辨用戶。

## 地點地圖

在搜尋地點列輸入地區名稱，可針對身處在指定地點的人群，如輸入香港會用整個香港做範圍，輸入地區如旺角、尖沙咀或將軍澳範圍會較小，亦可輸入地址如「香港尖沙咀梳士巴利道18號」就用地址作座標針對附近的人群。輸入地名地圖上會出現圖釘（Pin），亦可點擊地圖右下角的「放置圖釘」加入，以圖釘為中心畫出一個圓形的受眾覆蓋範圍，可修改半徑大小調整接觸人數，一些較大的城市如國家首都（倫敦）的範圍半徑最少是17公里，如果是地址或較細的地區半徑可減少到1公里。

**小編錦囊**

可加入多個地點、地址或標針去增加接觸人數,方便精準地同一時間針對不同地區的受眾。如你想廣告接觸較有錢的用戶,可輸入所有樓價較高的屋苑名地段,再縮少半徑到1公里把廣告派該區居住的人群。小編K知道手作品牌的客群很多都是大學生,所以輸入所有大學及大專院校的地址,再用最小的半徑範圍1公里去針對日間在大學附近出沒的大學生。

輸入大學地址。

### 排除地點

支援多個地點同時亦可排除在特定地點的用戶,可點擊搜尋列左方的「包括」再選「排除」。如荃灣親子商場想吸引跨區家庭客戶,排除居住在荃灣的用戶,就可以針對住在區外的人。

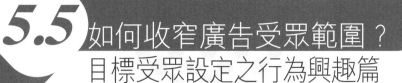

# 5.5 如何收窄廣告受眾範圍？
## 目標受眾設定之行為興趣篇

每日都收集大量用戶的行為數據，例如大家發佈的內容、打卡地點、貼文互動，以及瀏覽時間等，都會記錄並分類成不同統計資料、興趣和行為如：

**人口統計資料：** 在職公司、職位、感情狀況、學歷...

**興趣：** 國際品牌、活動、美食、地方、產品、物件...

**行為：** 經常旅行、對近期活動有興趣、使用的手機型號...

如果選取所有與廣告受眾相關的行為和興趣，就可以準確地接觸受眾？概念沒錯，但試諗全港有超過170萬人對貓有興趣，受眾同時喜歡貓、狗和其他動物的話，受眾人數愈加愈多就變成大海撈針，好難找到適合的受眾，要精準地投放要用到「篩選法」與「排除法」。

## 篩選法

篩選法是利用興趣特質找出目標人群，如小編K想找針對對網上購物有興趣的人群，用「網上購物」篩選並按「進一步設定」，之後輸入「手工藝（工藝）」做第二層篩選，得出的受眾會同時對「網上購物」及「手工藝（工藝）」有興趣才會收到廣告，可看下圖解說：

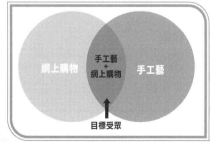

## 排除法

排除法是利用興趣和特質排除不需
要的用戶,按「剔除」輸入「優惠
券」,針對的目標對「網上購物」及
「手工藝(工藝)」有興趣,同時沒
有對「優惠券」感興趣,這可令目標
客群更精準地接廣告,可看下圖解
說:

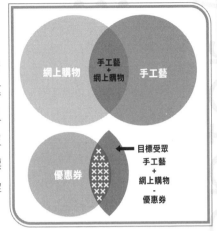

## 觸及人數下限計算

觸及人數幾多先算好?用該地區的8%用戶人數作為人數下限,例如現時香
港Facebook用戶大約有6,000,000人,10%即是480,000人。有最多人數上限
嗎?通常會因應廣告目標、內容及類別而有所不同,建議最多不要超過該地
區用戶數目的30%,如香港就是1,800,000人。

## 受眾年齡

廣告系統將年齡層分做7組,分別是 13-17, 18-24, 25-34, 35-44, 45-54, 55-64, 65或以上,如果廣告只針對20歲至36歲或以上的用戶,該年齡組別共覆蓋3個歲數範圍,廣告不單止派發給20至36歲的受眾,連18至44歲共3個組別的用戶都會收到。小編K想針對大學生所以年齡設定為18-24的受眾。

### 小編錦囊

建議年齡範圍不要橫跨太多組別。例如要針對年齡是 24-35的受眾,建議改成 25-34 否則廣告便會同時間接觸 18-24, 25-34, 35-44 三個年齡層。

## 性別

可選擇男、女或全部,看似簡單,但有些產品及節日可能要針對相反的性別,如情人節多數是男性買花,聖誕節多數是女性購物。手作產品多數是女性購買,所以小編K只針對女性受眾投放廣告。

## 語言

受眾地區使用的主要語言,例如繁體中文(香港及台灣),請留意很多語言都有地區的分別,如繁體中文有香港和台灣,英文亦有多個地區可選擇(英國、美國及全部),相同語言但不同地區所接觸到的用戶數目也不一樣。如針對香港人用繁體中文(香港),針對內地在港居住則用中文(簡體)。小編K選繁體中文(香港)及(台灣),因為手作品牌一向用繁體中文做內容。

# 5.6 邊個廣告版位成效最好？廣告版位及優化設定

在版位可揀廣告出現的平台及位置，從「進階高效速成版位（建議）」和「手動版位」兩個方法去選擇，官方稱「進階高效速成版位」的成效較好，但它包含的Audience Network是Facebook與Instagram平台以外的網站或應用程式，不適合所有廣告，建議大家先選「手動版位」了解各版位用法。

## 裝置

選「手動版位」後的裝置可選廣告出現的指定裝置，如手機或桌面電腦，可根據目標及廣告內容去揀裝置，手機遊戲廣告就只針對手機用戶，電腦程式如針對桌面用戶就選擇桌面電腦。

## 平台與版位

平台分為 Facebook、Instagram、Audience Network 及 Messenger 4別類，每個類別再分多個版位，系統會因應廣告目標去提供支援廣告的位置，手動版位則可選平台及位置。

大家可同時把廣告落到Facebook及Instagram，建議手動版位最少要有6個版位或以上，會有較好的成效，新手小編可先選所有在「動態」的版位，再選「限時動態和Reels」所有版位，餘下有需要再加選。

之前提及過的Audience Network不是Facebook及Instagram的範圍之內，Meta未能追蹤及知道受眾是誰，所以想做再營銷（ReTargeting）就不應選Audience Network，建議除了接觸人數（Reach）的廣告外，其他的廣告目標都不應選用Audience Network。

## 特定流動裝置和作業系統

位置底部的顯示更多選項可選「僅限 Android 裝置」或「僅限 iOS 裝置」把廣告派到指定手機型號或平板電腦，更可以根據 OS 版本及連線狀態「只在連線到 Wi-Fi 時」即可下載大量數據時才出現廣告。

小編錦囊

大家亦可以利用手機價錢去估計用戶的消費能力，針對高消費客群。另外如手機商推出新手機廣告，針對iPhone用家吸引他們轉會，選可「僅限 iOS裝置」，再選與新機級數相近的蘋果型號手機。

## 優化與刊登　廣告刊登優化

利用廣告的派發目標去優化成效，各目標有不同優化成效選項，如流量廣告可選擇「連結頁面瀏覽次數」、「單日不重複接觸人數」、「展示次數」等去優化選項，它會影響右邊預計的每日成效，如選「展示次數」便會以CPM來收費，選「單日不重複接觸人數」較貴，如以「連結點擊次數」為成效便會以CPC計算，最貴的是「連結頁面瀏覽次數」，因門檻效高。小編K要的是對話數量，所以揀「對話」希望可得到多點訊息。

## 每次成效成本目標及出價控制

成本上限是基於優化刊登選項的金額，如廣告刊登優化選了「連結點擊次數」可設定每個連結點擊次數的上限，如放$2.5會根據上限派發不多於$2.5一個點擊的廣告，但無法保證能遵循成本上限的限制，系統會不段去找在成本上限內可接觸到的受眾，直到投放完結。

### 小編錦囊

除非有強烈指引否則不建議設定出價控制，廣告會因不能於出價上限內找到合適的受眾而影響成效，最常見是上限太低沒法尋到適合用戶。

## 收費標準及刊登類型

收費標準基本上根據優化與刊登的設定，如果廣告目標是擴大接觸人數，建議單日不重複接觸數目設定為4或以下，否則統一廣告出現頻率太高會令人覺得煩厭。

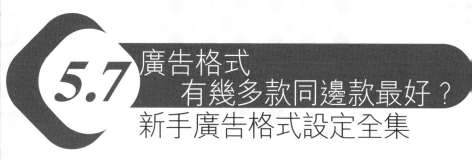

# 5.7 廣告格式 有幾多款同邊款最好？ 新手廣告格式設定全集

在「廣告」設定可選擇廣告的格式、素材和文字，製作廣告和貼文一樣要簡而精，用最短的時間令受眾產生共鳴及作進一步行動。

## 廣告名稱

廣告名稱會加入廣告格式、特點及廣告目標方便識別各廣告的成效：
GoodAfternoonWork_StaticPost_ToteBag。

## 建立廣告或推廣現有貼文

可用現有貼文或建立全新的內容做廣告，建立廣告的貼文不會在專頁或帳號上出現，只有目標人群才可在Timeline上看到，這格式亦被稱為Dark Post。用現有貼文做廣告的所有互動如Like、留言和分享都會累積到原有貼文中，但注意有些廣告目標只支援全新的廣告。在「使用廣告創意中心樣板」有簡單工具可協助大家編輯及製作圖片及影片。

### 小編錦囊

想推廣現有貼文的互動量、接觸率及影片觀看可用現有貼文做廣告，其他的廣告目標都建議建立新的廣告。另外要留意因點擊Hashtag後，也不會出現廣告貼文及帶動流量到廣告，所以可不用加入Hashtag。

# 廣告格式及廣告創意

Meta提供多款廣告格式，會因應廣告目標及位置而有不同的選擇，以下介紹幾個常用的廣告格式及建議，廣告與普通貼文的格式太致相同，可參考Chapter 4.3和4.4的教學。

### 單一圖片或影片

Facebook和Instagram的單一圖片和影片的最佳比例是4:5尺寸1080×1350px，影片長度不可超過Facebook：240分鐘，及Instagram：1分鐘。

### 輪播

做電商推廣產品必定會用輪播格式，有調查指出使用輪播的廣告點擊百分率高25%。另外很多品牌都用輪播每張卡的圖片做出連貫效果，如背景的圖案是由第一張卡連貫到最後，吸引用戶看完所有卡片。每張卡片都可設定獨立標題、文字及連結，標題不可以超過20個中文字，標題夠清楚可跳過説明。

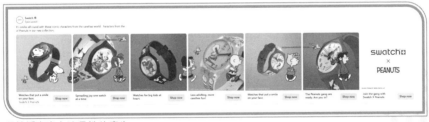

用輪播砌出有連貫性的廣告。

### 限時動態（Stories）

Facebook與Instagram的限時動態廣告長度為15秒，超出限定秒數會被分割為不同Stories圖卡，自動顯示1至3張圖卡之後選「繼續觀看」可觀看餘下的影片，可加入連結引流到網站。標題可輸入20個中文字及內文60個中文字。

**小編錦囊**

Stories 廣告沒有普通Stories的互動貼紙，沒有連結Sticker，只可用廣告的Swipe up功能及其他簡單的動畫Sticker。

## 連續短片（Reels）

Facebook與Instagram的連續短片廣告最長為Facebook：60秒及Instagram：15秒。

## 即時表格（Instant Form）

即時表格可收集顧客意見及資料，如預約試車、租樓約睇盤、醫美和保險等，先了解客戶可在見面時提供最合適的方案。先用相片、影片或輪播廣告吸引注意，點擊廣告後會打開收集資料的即時表格。

- **表格類型：**用作收集個人資料，建議使用「提高意願」可讓用戶確認
  資料後才提交。
- **問題：**不要問太多以免流失客戶，可先收集最基本資料待再聯繫的時
  候再問更多。

先用相片吸引注意。

填寫個人資料。

提交資料。

**即時體驗（Instant Experiences）**

與即時表格一樣，受眾會首先見到相片、影片或輪播的廣告，點擊後會打開即時體驗，它像簡單的產品網站在手機上的品牌體驗，它支援流動裝置。使用圖片或影片去了解品牌、產品或服務，每個產品可有獨立的購買連結或設計個人化的範本。

## 標題、說明、主要文字與目的地

標題有突出主題的作用，標題不可以超過20個中文字，說明如沒需要不需要填，主要文字就是貼文內容，大家可參考Chapter 4.1的教學。

## 呼籲字句

呼籲字句與行動呼籲（Call To Action）一樣要吸引受眾行動，如點擊按鈕的呼籲字句，有些字句要特定廣告目標才會出現，好多小編都用「了解詳情」，但其實還有多款更有力的呼籲字句，可看以下常用的有：馬上申請（Apply Now）、搶先預約（Book Now）、立即訂購（Order Now）、傳送訊息（Send Message）和馬上逛逛（Shop Now）。

## 追蹤、網站事件、應用程式事件、離線事件和網址參數

設定追蹤方法去收集廣告資料帶動轉換，網站事件、應用程式事件、離線事件和網址參數較為複雜，日後有機會再向大家說明用法。

## 廣告發佈

一切設定好之後可按「發佈」按鈕遞交廣告給Meta批核，發佈亦即代表同意Meta的使用條款與廣告刊登守則，一般在2-48小時內會有批核結果，發佈後可到桌面及手機版的廣告管理員查看成效。

廣告全面增值！

成效優化及一追再追的再營銷

Social Marketing

# 6.1 落廣告點先算平？
## 廣告價錢及睇數教學

廣告發佈後最少要等2-48小時系統先完成審批，到廣告管理員的廣告管理查看結果：https://adsmanager.facebook.com/adsmanager/manage/campaigns，以下會講解幾個較重要的數據：

**1.廣告帳號及名稱：** 帳號名稱及帳號號碼，如果找不到你的廣告，可看會否在其他廣告帳號內。

**2.廣告時間範圍：** 顯示結果的時間範圍，新手會選錯日子範圍而找不到廣告，在日曆揀選開始及結束日子再按「更新」，以改變顯示結果。

**3.刊登狀態：** 廣告的狀況，如果是禁止刊登、學習效果有限、沒有廣告、廣告已關閉或廣告組合已關閉，就要編輯廣告設定修改問題。

**4.預算：** 投放廣告時設定的總經費或每天預算。

**5.每次成效的成本：** 根據你在廣告組合中優化與刊登的「收費標準」，為每次成效的成本，例如在「收費標準」中選了每次連結點擊次數，便會以每次連結點擊數量而收費。

**6.總支出：** 整個宣傳活動的支出，包括宣傳活動內所有廣告組合和廣告的支出。

## 廣告價錢數據參考

廣告最緊要是每次成效的成本，各廣告目標的每次成本都不同。好多新手小編會問幾錢一個Like先算平？幾錢一個訊息查詢算合理？Facebook及Instagram的廣告是以競價方法派出，不同時段的價錢會有不同，沒有一個基準去釐定成效，大家可參考以下小編過去6個月（2022年11月-2023年4月）從不同途徑得到超過600個廣告數據，針對香港居住由18-54歲的受眾，把產品服務價值以$1,000劃分的廣告價錢。

### Facebook

|  | 產品服務<$1,000 | 產品服務>$1,000 |
|---|---|---|
| 每個專頁讚好（Page Like） | $7* | $16.7* |
| 每次貼文互動（Cost per Engagement - Like、Comment、Share、View、Click） | $2.1* | $4.7* |
| 每次連結點擊（Cost per Click） | $3.6* | $8.7* |
| 每次訊息對話（Cost per Message） | $12.2* | $28.7* |
| 每次ThruPlay成本（Cost per View） | $0.4* | $0.92* |
| 每千次曝光成本（Cost per Mille） | $71.3* | $121.5* |
| 每位Facebook站內潛在顧客（即時表格） | $66.7* | $162* |

### Instagram

|  | 產品服務<$1,000 |
|---|---|
| 每個追蹤者（Follower） | $8.6* |
| 每次貼文互動（Cost per Engagement - Like、Comment） | $3.1* |
| 每次連結點擊（Cost per Click） | $5.2* |
| 每次訊息對話（Cost per Message） | $11.7* |
| 每次ThruPlay成本（Cost per View） | $0.4* |
| 每千次曝光成本（Cost per Mille） | $64.3* |

*以上是收集到數據的平均值，只供參考之用並不代表市場指標。

如果效果未如理想要優化廣告可以點做？通常可試修改廣告格式、內容，更改目標人群和預算，但點樣先知道改邊樣好？就要睇以下介紹的A/B測試。

## 6.2 點做 A/B 測試？
## A/B 測試搵出爆數廣告設定

廣告成效未如理想？每次落廣告都應該用A/B測驗找出成效較高的廣告加以優化，講就個個都識講，實際操作又可以點做呢？之前講過新手不要用Meta預設的A/B 測試功能，但自己又可以點做呢？以下會講解點用廣告管理員做A/B測試。

### 應測試甚麼？

首先要知道測試邊個設定，最常見的測試目標是廣告內容和受眾設定，邊個成效較好，如測試輪播及產品影片的點擊率，或廣告內容的受歡迎程度，更可測試受眾對不同產品的喜好，作為市場調查，對品牌產品的發展方向很有幫助。

還記得投放廣告的結構嗎？由宣傳活動、廣告組合和廣告組成，一個宣傳活動之下可有多個廣告組合，如一個廣告組合之下可有多個廣告，利用這個樹狀結構可作出不同的A/B測試。

# 廣告內容的A/B測試

在廣告組合之下，增加多過廣告，這些廣告會分享同一組廣告預算，系統會根據成效較好的廣告而獲得較多的預算。例如小編K會揀選手作品四款不同類型的產品去做測試，它們都在同一個廣告組合，即針對同一班受眾、相同版位及優化目標等設定，以找出較受歡迎的產品。

測試廣告成效。

# 廣告組合的A/B測試

記得在Chapter 5.2 的高效速成宣傳活動預算嗎？若想測試廣告組合的成效，可先開啟高效速成宣傳活動預算，設定好預算之後可在宣傳活動之下增加多個廣告組合，它們會分享同一個預算，每個組合都使用相同的廣告內容，在廣告管理員的廣告組合，選剔一個廣告組合並複製，修改複製廣告組合中的受眾，如不同地區、年齡層、性別和興趣等，測試相同廣告對於不同受眾的成效。

測試廣告組合成效。

# Facebook 官方的A/B 測試工具

官方工具同樣可以幫大家找出成效較高的廣告設定，系統盡量將過程自動化，所以減省不少人手，但由於系統需要較多數據及要等到系統完成學習才可知道結果，花費的預算會較多。

# 6.3 再再再再營銷？
## 一追再追的再營銷日常

再營銷的英文是 Retargeting 或 Remarketing，指向曾經購買產品的客戶或有興趣的潛在客戶進行營銷，追蹤曾瀏覽含有產品網頁或社交平台帳號的用戶，運用營銷工具提醒或鼓勵其完成購買、訂閱等轉換，其實每人每日都有被多次再營銷，如下：

**例子一**

點擊過 Facebook 廣告，或與品牌 Facebook 的貼文互動，之後在 Facebook 及 Instagram 都不斷收到該品牌的廣告。

**例子二**

把貨品放到購物籃後沒有購買，之後在社交媒體及其他網站都看到購物籃內商品的廣告，還有該購物網站的免運費或優惠碼廣告。

**例子三**

搜尋過商品或品牌名稱並到過其網站後，在社交媒體或各大網站都會看到搜尋過的商品廣告。

大家一定遇過以上情況，但你可能會問如果廣告落得準一擊即中不是更好？你沒錯，但不是次次都可以一擊即中，如有新品牌或產品要時間令消費者認識及了解才可以引發購買慾，想引起他們購買就要使用再營銷方法，可參考以下有關再營銷的消費者心態：

## 1. 多次接觸提高購買欲

根據市場學專家 Dr. Jeffrey Lant 發表的七次法則（Rule of Seven），消費者平均在不同途經下接觸產品七次才會購買，就算廣告做得好而接觸到潛在客戶，都不能確保廣告接觸一次就成功轉化，就算同一廣告接觸相同用戶，都要適當地多次提醒用戶光顧品牌或產品。

## 2. 高價單貨品廣告

消費者購買價錢愈高的商品之前會用愈多時間去考慮，大家會試過買$1,000元以上產品比$100的想得較耐，在客戶考慮期間用再營銷方法加強購買意欲，可大大提升購買率，所以高價商品服務如美容套餐、保險與金融服務及電子科技產品，都絕對適合使用再營銷去加強消費者的購買欲。

## 3. 個人化廣告

大型電商Digitalcommerce360 的調查發現有8成以上的受訪者表示，希望收到與過去購物經驗相關的廣告，亦較傾向再幫襯這些店舖，因為店舖了解受訪者的喜好，於是使用再營銷把相關的產品廣告發給曾消費的顧客。

再營銷不是要通過網站去收集用戶資料嗎？如果沒有網站只有社交平台可點做？可留意以下的Facebook Instagram的再營銷方法介紹。

# 6.4 小編點做再營銷？
## Facebook Instagram 的 再營銷方法

要在Facebook 或Instagram追蹤客戶實行再營銷，先要建立再營銷的受眾，可以憑客戶的資料、與帳號的互動、查瀏覽記錄，或接觸過品牌渠道的數據，建立受眾去追蹤他們。先到桌面的廣告管理員，到左上Meta Logo下面的「所有工具」選廣告受眾，在「建立廣告受眾」下選擇與再營銷有關的受眾選項：

自訂廣告受眾：從客戶聯絡資料（電郵地址和電話號碼）、網站流量（曾到訪網站）或下載過流動應用程式的資料來建立受眾。

類似廣告受眾：基於現有廣告受眾的特質建立類似的新客群。可用商業帳號的粉絲，自訂廣告受眾再找出有類似特質（興趣與行為習慣）的受眾。

# 自訂廣告受眾

自訂廣告受眾內有14個受眾來源，以下會講解其中幾個沒有網站數據都能用的方法，分別是顧客名單、影片、即時體驗、Instagram 帳戶、Facebook 專頁。

## 顧客名單

上載顧客資料以建立廣告受眾，系統會從顧客資料中配對找出 Facebook 用戶。在新增顧客名單可上載顧客資料（CSV或TXT檔），或直接把資料貼上，記得要為廣告受眾命名，及有需要時加上說明方便使用時選擇，上載完畢後可用受眾去投放廣告，但因系統要時間做配對，所以要等待1到8小時不等（視乎顧客資料的數量），完成後可使用該廣告受眾直接投放廣告，或建立類似廣告受眾以接觸更多用戶。

**小編錦囊**

例如上載一份有10,000個電郵及電話的顧客資料，系統配對後只有6,000人是Facebook 用戶，那就可以投放廣告給這6,000人，資料上載愈多愈可以提升配對的機會率，最基本的配對資料有電郵、電話號碼、名字、姓氏等。Meta十分重視客戶私隱，所以請確保客戶已同意資料會用作廣告用途，尤其上載資料的來源，否則如被舉報，廣告帳戶有機會會被封鎖。

## 影片

針對曾經與帳號影片內容互動過的用戶如「觀看影片至少 3（至10） 秒的用戶」、「觀看影片達 25%（至95%）的用戶」，去建立自訂廣告受眾，例如兩週前發佈了一個關於活動影片內容，現在以觀看你的影片達 75%的用戶，去建立自訂廣告受眾並派發活動報名相關廣告。

**小編錦囊**

小編K想Retarget已看過手作產品影片的用戶，假設影片觀看完成度愈高，對產品的購買意欲會愈大，先針對已觀看75%的用戶，再基於這群用戶製作類似受眾，以加大受眾數目。

## 即時體驗

針對曾經與刊登過的即時體驗進行互動的用戶，如「已開啟此即時體驗的用戶」及「已開啟此即時體驗並點擊過任何連結的用戶」。例如品牌有一個新的即時體驗廣告，希望可獲得更好的點擊率，可針對「已開啟此即時體驗並點擊過任何連結的用戶」，因為他們曾經點擊過你過往的即時體驗，因此會再點擊的機會比較大。

## Instagram 帳號

針對曾經與Instagram帳號有各種互動的用戶,例如曾與帳號互動、Follow、瀏覽Bio、與貼文或廣告有互動、或經訊息聯繫、儲存過任何貼子或廣告等。

### 小編錦囊

例如有新產品想吸引更多客戶傳送訊息查詢,可針對「曾傳送訊息給此帳號的用戶」投放廣告,因為他們曾經私訊過帳號,對品牌有一定認識,再次查詢的機會較大。

## Facebook 專頁

與 Instagram 相似,針對曾經與你 Facebook 專頁有各種互動的用戶,例如已Like或追蹤專頁、對貼文互動過、點擊過呼籲字句按鈕、傳送過訊息到專頁及儲存過專頁或任何貼文等。

### 小編錦囊

可以針對曾經對指定貼文進行互動的用戶,例如有新產品的貼文,可投放廣告針對曾對相關類別產品作出互動的用戶。

其實還有很多再營銷的方法,如使用像素、產品目錄、曾經到Facebook或Instagram商店瀏覽及購買的用戶等,因為以上方法對新手小編都較為複雜,大家可自行探索或有機會再與大家分享。如有問題可到我們的群組「小編正候群」問問我們給其他小編。

# 八大小編神器介紹

小編要轉數快之外還要識用工具,尤其好多小編都是 One Man Band,要同時製作內容及處理多項工作,用適合的工具可大大提升工作效率,但邊款工具可有效地協助小編工作?以下介紹八個小編不可不知的工具及網站。

# 7.1 文字寫作及生成工具： ChatGPT 及 Poe

大家都有聽過ChatGPT，ChatGPT是 OpenAI 的大型自然語言處理模型，從數據庫找答案整合出人性化回覆，可寫文寫程式及回答非即時性問題，是寫作苦手的恩物。雖然港台都能未能正式使用 ChatGPT，但大家可用Poe幫助小編寫作及做資料搜集的工作。

Poe的AI Bot。

Poe中的ChatGPT。

Poe內有不同的 AI Bot，重點是不要VPN 都可以用到 ChatGPT以及GPT-4、Sage、Claude、Claude+等Bot。除了Claude+ 和GPT-4以外的AI Bot都可在免費版使用。Claude+和GPT-4會限制每六個鐘可發問一次，如有需要可使用收費版。

收費版可每月問GPT-4 300次及Claude+ 1,000次。暫時接受以年費或月費形式上會，一年價錢為$1,599（平均每月$133.25）送七日免費試用，每月續會要 $159。

## 使用方法

Poe 安裝容易，用手機號碼登入可用，桌面版可連手機版的問題及回覆。當AI Bot回覆問題後選「Tell me more」Chatbot 會回覆延申內容。

## 發問的藝術

AI Bot有時會得到完全無關的回應，不想浪費時間可參考以下發問方法：

**1.問題架構：**提問AI Bot時要有足夠的資訊，用目標、格式、背景和限制去令AI明白。

**2.目標：**提問時設定明確的使用目標，例如教學、以SEO角度、廣告、兒童故事等。

**3.格式：**寫作的格式如文章、方案、Facebook 貼文、標題、程式等。

**4.背景：**提供重點如產品資訊：醫美產品、商場聖誕期間限定產品活動。

**5.限制：**字數範圍和語言限制如10個中文字、4個中文宣傳方案、不得多於100字等。字數限制通常僅作為範圍參考，AI 對較少字數的範圍會跟得較足，50字以上開始失控。

**6.發問及檢查：**放問題到ChatGPT，之後不斷按 Tell me more 直至內容重複或沒有新 Idea 。

**7.深入內容：**如果要深入的內容，可用「詳細解說」來問AI Bot，如「詳細解説如何優化 Facebook廣告文字」，得出更多論點令文章更完整。

**8.最後檢查：**最後將AI得出的論點砌成文章，再進行最後檢查。可用「檢查以下文字有沒有錯字和文法錯誤」，叫AI去檢查內容。

# 7.2 AI 生成圖片工具：Midjourney Discord

如無預算去找模特兒及攝影師，可試用由AI生成的圖片。關於AI圖片的版權問題，雖然世界各地還未有共識，但可當實驗性質試用。潮流興AI，用AI生成圖片亦是賣點之一，市面上有幾個AI深度學習圖像生成模型如Stabel Duffusion、Midjourney、DALL‧E和Leonardo.ai，最簡單手機又可用的是Midjourney在Discord上的AI Bot，大家只需要輸入字串就可生成高質圖片，但要不斷測試出AI明白的字串，太過抽象的性格形容詞如有教養、慷慨或善解人意，都好難令AI明白如何用圖像顯示。

免費版可生成大約30多張圖片，它以伺服器的運算時間去計算，平均8張圖片要0.1小時，而免費版可有0.4小時的伺服器運算時間去生成圖片。最平收費版一個月$8-$10美金，可有3.3小時伺服器運算時間，不夠可再買其他月費計劃。

## 使用方法：

1. 在Midjoureny 及 Discord註冊新帳號，可用電郵及手機號碼註冊。

2. 登入後到Discord最左邊的選單揀選(＋)建立伺服器，之後在邀請連結輸入https://discord.gg/Midjourney。

3. 進入Midjourney伺服器，在左邊的NEWCOMER ROOMS揀選其中一個newbies-xxx的Channel，可看到其他AI生成的圖片。

4. 可輸入字串叫AI生成圖片，用/image 開始之後輸入形容詞、風格和想生成物件的名稱。例如：/imagine prompt：cat, big eyes, ginger, playing mobile phone, happy, realistic。

5. 當完成後會@你通知，AI生成了4張圖片以數字排列的是左上為1， 右上為2， 左下為3， 右下為4，你可選擇U+數字按鈕去獲得該數字圖片的高清版本，V+數字按鈕去獲得以該數字為藍本再生4張類似的圖片。

PIC

Discord連結：https://discord.com/

Midjourney連結：https://www.midjourney.com/

---

# 7.3 手機設計工具：Canva

全球有超過1,500萬用戶的Canva是一個針對新手，既 Friendly 又易用的設計工具，Canva不需要安裝任何程式，在瀏覽器或手機上都可使用。它可輕易造出多款不同類型的產品，例如海報、月曆、社交媒體貼文圖片、餐牌和影片等設計，近月Canva還加入了ChatGPT功能可協助生成文字、製作影片、剪接及字幕。

Canva有超過250,000種Template，還有大量免版權的圖案、形狀、字型及背景，對於中小企或初創企業沒資源可直接使用。所有Canva創作的設計會儲存到雲端，不用擔心手機沒電沒容量，隨時隨地在任何手機及電腦都可設計。收費版更可連接到各大社交媒體平台直接發佈，所以Canva對於新手及全手機工作的小編是設計恩物。

Canva除了免費版之外有兩個收費方案，Canva Pro個人版年費為119.99美元（平均每月10美元），或每月續會價12.99美元。Canva團隊版可最多五人同時使用，總年費為149.99美元（平均每月12.5美元）或每月續會價為14.99美元，適合與同事、家人或朋友一起使用，若有需要「尋親」可到我們的小編正候群Facebook群組：http://bit.ly/imsiupin_gp 時常有小編「招家人」。

iOS版下載：https://apple.co/2kNkvEI
Android版下載：http://bit.ly/siupin_canva_an
網頁版：http://bit.ly/siupin_canva

## 使用方法及流程：

1. 用 Google、 Facebook 或個人電郵註冊。

2. 在首頁上方有不同種類的Template，每個種類之下有細分類別。

3. 選好種類進入設計版面，如果沒有設計概念可用範本修改。

4. 在繪製圖形或加入文字、圖片、圖案及各種元素，如果要搜尋素材，建議用英文字進行搜索可準確地找素材。

5. 完成設計後到右上角下載圖片到手機或電腦，如果是收費版可直接連接各大社交媒體平台直接發佈貼文。

## 7.4 手機剪片應用程式：InShot

市面上大部手機的影片編輯App為了簡化使用流程而刪除了很多功能，不足以應付小編的日常工作。InShot 功能多又簡單易用，是少有實用性高的手機剪片App，可滿足小編常用的多個功能：剪接影片、調整尺寸、調色、加音樂、聲效、圖片、文字及改變影片速度。還有預設過場效果，大量影片濾鏡、特效、音樂、音效及文字變化等。

### 尺寸模板、濾鏡 、特效及音樂音效

InShot 貼心地提供多款尺寸大少方便使用，除了Facebook、Instagram，還有TikTok和各手機比例尺寸Template。InShot有類似Instagram 的調色選項，亦有多款濾鏡。有大量已分類的無版權音樂可供使用，更可加入手機上自行錄製的聲效和音樂，預設聲效飛機大炮嬰兒喊聲都有，如果不夠用可購買。

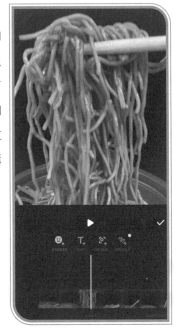

## 加入貼紙、圖片和文字動畫

InShot 有大量動態貼紙及Emoji，不夠用可到商店購買，另可修圖及加入動畫效果，而文字方塊除了基本的選擇字款及顏色，還可修改邊線、陰影及背景底色色塊、透明度及加入文字動畫。

## 時間軸Timeline及圖層概念

在時間軸加入圖片和文字，可任意調教出現和消失的時間，亦可改變圖層的次序和調較影片速度，如拍攝指示如何去目的地的影片（如車站如何去商店），放入InShot 加快至3至4倍，就不會令人覺得太長太沉悶。

InShot 提供多個影片格式，包括最常用的 .mov 及.mp4 ，方便用於各社交媒體平台。InShot 的免費版已經可以使用所有功能，收費版本是增加了大量貼紙、濾鏡、特效和素材及移除影片右下角的InShot Logo水印，收費版有３個方案，分別是 HKD$28 一個月、HKD$103 一年及$278永久使用。

iOS免費下載：https://apple.co/2kNkvEI
Android免費下載：http://bit.ly/2le24sU

# 7.5 短連結工具：Bit.ly 和 lihi.io

大家一定試過在Facebook或Instagram放含有中文字和其他符號的網址有點像釣魚網站的連結，Bit.ly和lihi.io可將原網址縮短到20個字以內，同時縮短和管理網址，令網址較易記及方便分享到社交媒體、電郵、短訊等平台，更易理解及提高品牌專業度，試比較：

https://imsiupin.com/2023/03/01/facebook貼文圖片及影片最佳尺寸實戰大全2023/

與短網址 https://bit.ly/FBsize2023

縮短後的網址易記，要輸入都比較容易，大家可用bit.ly縮短後的部分自訂成品牌或Campaign相關的名稱，有利品牌形象及方便易記。來自台灣的lihi.io生成A/B測試的連結，找出成效較高的引流平台。

Bit.ly

lihi.io

Bit.ly和lihi.io更可追蹤和記錄數據，幫助了解流量來源，亦可設定utm code方便追蹤點擊來源去分析和計劃行銷策略。很多平台或社交媒體帳號都會縮短原網址及製作QR Code，兩者的免費版每月可生產500條短連結，有興趣到官方網站：https://app.bitly.com/ 或 https://app.lihi.io/

# Bit.ly及lihi.io使用方法：

## Bit.ly：

登入後到主頁面上方輸入需要縮短的網址，然後按「Shorten」按鈕。如要自定網址，按短網址旁邊的「Edit」按鈕，在「Custom Alias」欄輸入想要的短網址。如自定短網址已被其他人使用，Bit.ly 會建議其他短網址，還可去主頁面上方的「Analytics」標籤中的「Metrics」按鈕，看到更詳細的數據、短網址的按量和使用情況。

## lihi.io：

登入後到lihi.io按新增短網址，輸入您要縮短的長網址，然後按儲存按鈕。可在主版面中短網址旁的查看數據，看到點擊網址用戶的地理位置、系統、瀏覽器及訪問時間等資料。

# 7.6 自動回覆 Chatbot：Super8 和 Chatisfy

小編一定有在 Facebook 或 Instagram 見過玩過留言+1，即是想深入知道詳細內容就在留言回覆「+1」或指定字句，系統會回覆留言及私訊用戶，在私訊可獲得相關的文章連結或其他資訊。想做留言+1玩法可用Chatisfy這Chatbot工具，因Meta的Messenger只有簡單的訊息功能，用Chatbot可以自動留言及回覆訊息，在各社交媒體及其他數碼渠道使用。

除了Chatisfy之外，Super8是專門做訊息回覆的Chatbot，配合ChatGPT功能，內置多款互動遊戲及模板可即時使用，它的強大之處是可以打通5個平台包括Facebook Messenger、Instagram、Line官方帳號、WhatsApp及網站的Live Chat，自動回覆可全天候24x7解答客戶問題，更可提高服務滿意度增加粉絲轉化率，數據分析功能有助優化網站和社交媒體成效。

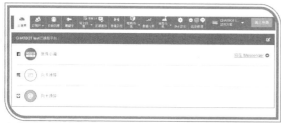

Chatisfy.com 後台。

Super8

**例子一：**

網上購物平台每日都有過百個inbox查詢，查詢時間不定，查詢的問題主要圍繞送貨服務和優惠資訊，店主用AI Chatbot預早設定關於送貨及優惠資訊，當客人查詢的時候， Chatbot會自動問客戶是否想知與送貨或優惠有關的問題，並自動回答預設答案，做到真正的24x7回應。

**例子二：**

小編有一篇關於12生肖減肥方法的文章，在Facebook出Link Post時成效低，所以用Chatbot提高與粉絲的互動量，加入「想知12生肖各減肥方法，可到留言輸入你的生肖就知結果」，當用戶輸入生肖如牛，Chatbot自動在留言回覆：「屬牛的你快查看私訊，有牛仔牛女的減肥方法！」用戶會在私訊收到12生肖減肥方法的文章連結。

## Super8使用方法（首次對話即時回應）：

1. 到Super8 的官方網站 https://www.no8.io/，用電郵註冊帳號。

2. 登入後在組織設定連接應用程式，連接好Facebook及Instagram後，到選單中的聊天機械人，按右上角新增主題聊天機械人，會出現30多個主題模板，選首次對話試用。

3. 在首次對話上的編輯按鈕（鉛筆符號），進入後選擇想即時回應的平台，最多可同時設定4個平台Messenger、Instagram、LINE及網站LiveChat。

4. 在訊息內容中輸入想顯示的回應，在右手面的手機上看到預覽圖，完成設定後到最右上方按綠色的完成編輯。

5. 在主題聊天機械人頁面按右方的灰色拉Bar，變成綠色就可用啦！

## Chatisfy使用方法（貼文自動回應）：

1. 到Chatisfy 的官方網站 https:www.chatisfy.com，用 Facebook 註冊帳號。

2. 建立Chatbot(機器人)：登入後選擇Chatbot Template，連接你需要自動回覆的 Facebook或Instagram 帳號。

3. 選擇板面上的貼文回覆，按新增回覆之後選擇貼文類型，之後揀選要做自動貼文回覆的貼文。

4. 選需要關鍵字，在留言訊息選擇用戶是否要輸入完全吻合的字句，關鍵字就是你想用戶輸入的字如「LM」，輸入後必須要接Enter見到關鍵字變成藍色才算有效。

5. 留言回覆內容和私訊回覆內容，大家可自行設定回覆的內容。

6. 完成後記得記得按右上方的新增資料，才可以儲存設定開始使用！

Super8及Chatisfy還有很多功能如推播訊息、電商功能、數據分析等，大家可自行發掘。

我們之前有用Chatisfy製作關於12星座的心理測驗，免費版的Chatisfy就可做到，可到以下連結閱讀：https://bit.ly/3lvKefm

# 7.7 連結擴充工具：
# Linktree 和 RakoSell

Facebook小編一定覺得Instagram貼文沒有連結極之不便，撇除廣告Instagram只可在Bio及用Stories的連結貼紙加入連結。就算Instagarm 最新Update可以加入最多5條連結都未必夠用，Linktree和RakoSell可解決連結不足的問題！它們是擴充連結工具，一個含有多個連結的頁面，可放在Facebook及Instagram Bio引流入各網站、產品頁面及其他社交平台。

Linktree

RakoSell

Linktree和RakoSell都可將官方網站、產品網站、Facebook專頁等連結放到同一頁面，亦可以修改生成的按鈕、連結顏色及主題背景，打造出符合品牌的風格。Linktree的頁面亦能配合各大小手機的畫面，不用擔心有顯示不到的情況。

Linktree和RakoSell的免費版已經包括建立連結頁面功能，如果不想頁面底下有Linktree Logo可升級到收費版，由最平的每個月5美元至24美元的尊貴版不等。RakoSell可當是Linktree的加加加加強版，可在RakoSell上寫Blog、收費會員管理、虛擬產品及課程管理等功能，是Linktree+Patreon於一身的超強內容訂閱＋連結擴充工具，免費版已包含以上功能，如有訂單每單收取4%處理費及信用卡交易費用，進階計劃每月$399港元，訂單每單2%處理費，值得一試。

Linktree 的官方網站：http://linktr.ee
RakoSell 的官方網站：https://rakosell.com/

## Linktree使用方法：

1. 用Instagram註冊帳戶及連結並獲得授權。
2. 登入Linktree後右邊是頁面預覽及網址，左邊是按鈕排序及編輯功能，按Add New Button / Link加入名稱及網址，最重要是可輸入中文字！
3. 最上方的Settings 可修改主題顏色，可從幾個配色組合中揀選。
4. 右上角 My Bio Link 的 Copy Link可複製Linktree頁面連結，放到Facebook的關於我們或Instagram Bio。

## RakoSell使用方法：

1. 用電郵或Google帳號註冊帳戶。
2. 登入後跟著指示一步步設定基本資料、網站、社交媒體連結和網域等，加入Logo、圖片、按鈕及各個連結，網域可自再設定https://YYY.rakosell.com/中的YYY，再放到Facebook的關於我們或Instagram Bio。
3. 再進入RakoSell的Dashboard除了可修改網站頁面，還可以設定會員管理和收費課程等。RakoSell還有很多功能等大家自行體驗。

# 7.8 七個免費素材資源網站

做設計和內容都要用到高質素的圖片和素材,但好多自媒體或小型企業都「冇筆直(Budget)」去買相買片,當年有某壽司店小編忘記買圖用了有水印的圖片出文,雖然之後有刪文,但都有人Cap圖留念,影響品牌及小編的專業形象,以下七個免費的素材資源網站提供高質免費素材,不用買版權及去水印都可用。

## 1. Unsplash

Unsplash 的相片同影片素材都好有時尚風格,圖庫相片Stock味不濃,有大量人物情景的相片,還有特定主題方便大家做熱門話題。網站連結:https://unsplash.com/

## 2. Pexels

Pexels相片質素高和種類多,有大量美容相關相片,足夠中小型美容院用!它的搜索功能方便易用,可快速找到所需素材。網站連結:https://www.pexels.com/

## 3. BURST

BURST是由Shopify成立的照片網站，照片非常適合用於網店。BURST
的網站有方便的分類和
標籤功能，照片質素高
於一般圖庫相片，並沒
有過於商業化的感覺。
網站連結：https://burst.
shopify.com/

## 4. Foodiesfeed

Foodiesfeed專門提供美食照片，食物照片質素高又多元化，部分照片
質素與專業廣告無異。照
片以西方食品為主題，如
果您需要米線或車仔麵等
東方食品的照片便要自行
拍攝。網站連結：https://
foodiesfeed.com/

## 5. Pikwizard

Pikwizard可視為免費版iStockphoto，大部分照片都有免費及收費版本兩
種。區別在照片的印刷量以及是否希望買斷後再轉售，如果您需要更大
量的印刷或要買斷版稅的
照片，則需要付費使用收
費版。網站連結：https://
pikwizard.com/

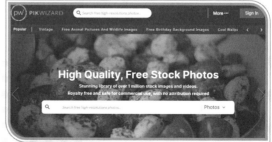

## 6. Rawpixel

Rawpixel 除了相片之外還有大量設計素材、排版及退地素材，亦有多款

不同風格的插畫和向量
圖、.PSD及.PNG 檔案下
載，是設計小編的恩物。
網站連結：https://www.
rawpixel.com/

## 7. Pixabay

Pixabay提供照片、圖片、插畫和影片資源外，還有免費的音樂和音效

素材。雖然質量不是最
高，但可滿足大家的各種
需求，非常適合想一個網
站能滿足所有願望的人。
網站連結：https://www.
pixabay.com/

# 20條 新手小編常見問題

新手小編遇上最大的問題是有問題不知去哪裡問和問誰？大家除了可以到我係小編的 Facebook、Instagram 及網站之外，亦可以加入我們 Facebook 群組：小編正候群，問問業界資深小編，比問 ChatGPT 及 Google 搜尋快捷和準確得多。過去幾年解答過成千條小編遇到的問題，以下有 20 條新手小編常遇到的問題及答案，希望能幫助大家新手上路！

## 8.1 註冊新帳號要注意事項？

答：無論是開新Facebook專頁、Instagram帳號或其他社交媒體商業帳號，開台前必須要留意帳號名稱及網域會否與其他品牌或業務有衝突。

**改名的重要：**正所謂唔怕生壞命，最怕改壞名，如果是官方帳號那用品牌名稱就得，但如果是媒體、KOL或小店，可考慮使用令用戶有共鳴的名稱。

**網域與品牌形象的重要：**
註冊新的帳號要考慮不同的社交平台所使用的網域名稱是否一致，盡量使用相同的名稱及網域可保持品牌形象，加強用戶對品牌的印象。

## 8.2 Facebook Instagram點改名同網域？

答：時常有帳號要改名或KOL想用真名的情況，用真名或公司註冊名稱做帳號對宣傳品牌有幫助，以下介紹Facebook及Instagram更改名稱及網域的方法：

**Instagram：**Instagram要更改名稱及網域，到商業檔案（Bio）內更改就可以，舊的名稱及網域會被保護14天，即是沒人可註冊霸佔，直到14天後你仍沒有轉回舊名就會開放給公眾註冊。

**Facebook：**Facebook要更改網域可到專頁設定內的關於（About），只要新的網域未有人使用就可以更改，有時開設專頁的管理員未能轉網域，要找第二名管理員才可轉。要更改名稱比較複雜，如果專頁有一定年期及一定的粉絲數量，有機會要提供商業登記和其他相關的資料證明。

## 8.3 一定要用Meta的企業管理平台嗎？

答：Meta企業管理平台（Business Manager 簡稱BM）是官方的管理，去管理 Facebook 與Instagram的工作權限、商店及其他進階功能，把權限分給團隊成員、代理商夥伴和合作廠商。例如小編團隊管理專頁及投放廣告，可把小編的BM加入成為代理商角色再給予權限。新手小編在初次使用 BM 時會感到麻煩及複雜，但因為有部分功能必需要將帳號加入BM才可以用，例如Retarget中的Custom Audience，建議先開BM用其他帳號試用，熟習後再將工作專頁及帳號加入BM。

## 8.4 要開Facebook Group嗎？

答：雖然Facebook Group 的自然接觸率較高，但不是每個品牌或業務性質都適合，就算開都不應該使用官方帳號，避免成為惡意攻擊的對象，可用第三方身份或匿名開設相關Group及關注組，以顧客及關注者身份去召集其他用戶來討論產品服務，好處是與品牌沒有直接的關係，萬一出現問題亦不會影響品牌形象，但在運作時要小心或聘請第三方去運作，以免被揭發官方在背後操作惹來公關災難。

## 8.5 點樣增強互動與曝光率？

答：太老正的Post或產品介紹通常俾人冷冰冰的感覺，重點在久缺「人味」，除了文字上要人性化之外，調查發現在Instagram上有人臉的相片成效比沒人臉的高出40%*（註），可使用有人在用產品的相片，不用望鏡頭較自然及人性化，如有寵物在相片成效會更高，亦可以把貼文連結放到相關的群組去引流及增加互動及曝光率。

*（註）資料來源：70+ Instagram Statistics You Should Know in 2023
（https://www.socialpilot.co/instagram-marketing/instagram-stats）

## 8.6 邊度可以搵到貼文連結網址呢？

答：桌面版Facebook：按Facebook貼文專頁名稱下的發文日子會打開新頁面，頁面的連結就是貼文連結。

手機版Facebook：按貼文下方的分享，在選項之下可複製連結。

Instagram：按貼文下的分享（紙飛機），最底會有複製連結。

## 8.7 應用邊個符號突出內文標題？

答：我們比較過幾款不同的符號和Hashtag，如【】、《》、〖〗、〔〕和（）等，【】和Hashtag做標題開端成效最好， 亦可把內文要加強的重點用符號或Hashtag表達。

## 8.8 出Stories或廣告有音樂版權問題點算好？

答：在Stories選擇音樂貼紙揀音樂後不發佈並儲存影片，用儲存的Stories影片發佈，或預先在剪接影片時加入已買版權的音樂。

## 8.9 叫親戚朋友互動有助擴大自然接觸率嗎？

答：絕對有幫助，但不要直接發貼文連結叫他們互動，建議Refresh timeline直到「自然地」見到貼文而互動較有效。

## 8.10 點改Facebook Link Post的圖片？

答：當在Facebook貼上文章連結時能預覽連結貼文的圖片，如發現圖片出錯可到https://developers.facebook.com/tools/debug/ 把文章連結放到除錯欄按「除錯」，如還沒有更新可按抓取時間的「再次抓取」，直至成功更新預覽的圖片。

## 8.11點樣增加Facebook及Instagram的粉絲？

答：首先要明白用戶會讚好Facebook專頁及follow Instagram帳號的原因，因為內容吸引、帳號名稱或類別符合用戶的需要，小編人性化回覆用戶留言及私訊，令用戶覺得被重視而增加友好度，成為粉絲。用品牌帳號與其他相關品牌或KOL互動，吸引他們的粉絲注意，做互動要留意品牌形象，不要過火。我們曾經寫過有關Facebook上粉的文章「Facebook 增加粉絲實戰策略：0-10K 四階段上粉法」：
https://bit.ly/FBboostFans

## 8.12 應該買粉嗎？

答：盡量不要去買粉，因買粉令你度過跑數壓力，但買來的粉9成99都是殭粉，即是沒有互動不會購買任何產品服務的活死人，對業務發展百害而無一利，唯一用處是粉絲多了，小編飯碗短時間內也保了。我們曾經寫過有關Instagram買粉的文章：Instagram假粉的壞處、分類及處理：

https://bit.ly/IGbuyFakeFans

## 8.13 邊度搵合作夥伴及如何合作？

答：找合作夥伴借力打力一齊贏總好過獨食承擔所有風險，好多品牌、KOL或自媒體都適合以不同形式的社交媒體合作達到雙贏，可以用產品服務、內容製作、知名度和人脈等去交換，但不要佔人便宜，應以「等價交換」合作，盡量量化交換條件，或以帶來的收益（如Media Value、新粉絲數量、產品曝光率等）吸引對方。可主動聯絡心儀想合作的品牌，並提供合作方案，有些合作要有人脈介紹，但如果想試試找不同行業的合作夥伴可到我們的Facebook 群組小編合作社：

https://bit.ly/imsiupin_partnership

小編合作社

## 廣告相關

## 8.14點解除被封的廣告帳號及企業管理平台？

答：Facebook在2019年年尾開始，提高了封鎖廣告帳號和企業管理平台帳戶的敏感度，以觸犯《廣告刊登政策》或其他社群守則為理由，封鎖了不少帳號，大家投放廣告前先要了解《廣告刊登政策》https://www.facebook.com/policies/ads/，還有以下有兩個方法：

● 當廣告帳號被封鎖，在廣告管理員會有警告字句，旁邊會有一個上訴按鈕，上訴時可能要提供帳號資料。

● 可以嘗試找 Facebook 客服，登入Facebook 並以桌面電腦到 Facebook 企業商家幫助中心：https://www.facebook.com/business/help，到該版下方如有「尋找解答或聯絡支援團隊」選擇「新手指南」，揀選你的廣告帳戶後，便可以與真人客服以 Messenger 及電話交談。

## 8.15 已審批廣告但無派貨點算好？

答：有時廣告獲批但過了很久也沒有派出，沒有花費任何預算，甚至到廣告完結的日子也沒成效，可看以下幾個原因及解決方法：

• 如果在「最佳化與投遞」中設定了「出價上限」，那出價上限不要設定得太低（例如 CPC $1），如果沒有概念可先把出價上限改成「成本上限」由系統調整，到大約知道你的產品服務的CPC才挑戰設定出價上限。

• 廣告受眾太過精準令廣告受眾的潛在接觸人數太少，難以達到你想要的廣告目標。另外太過精準亦有停派廣告風險，因為受眾太小而未能派發。

• 設定廣告費上限，但當投放的廣告愈多，就會忘了上限金額而出現「爆Budget」情況，如果不繳清那廣告費都會被立刻停止，這亦有可能導致廣告帳戶被封鎖，所以要記得繳付廣告費。

## 8.16 去邊度可參考其他人的廣告設計？

答：Meta為了增強商業廣告的透明度，在Meta的廣告檔案庫（Ad Library）https://www.facebook.com/ads/library 公開所有品牌在投放的廣告，大家可用Facebook及Instagram商業帳號名稱去搜尋商業帳號落緊的廣告，雖然沒有受眾設定及投放金額，但對了解同業及競爭對手的廣告設計、文字及策略有很大幫助。如你想知道高級化妝品的廣告是怎樣，那可以查看多個高級化妝品品牌的專頁看她們的廣告，建議大家在設計廣告時先看看同類品牌的廣告作參考。

## 8.17 點解會收與我無關的廣告？

答：Meta提供點解大家會收到廣告的原因，變相可看到各品牌的廣告設定，尤其與我無關的廣告設計，雖然不能看到整個設定及預算，但都足以參考不同產業廣告受眾的設定，對學習及優化廣告有很大幫助。

廣告貼文右上選單有個選項叫「為甚麼我會看到這個廣告」，可看到廣告受眾的地區、年齡層、語言、興趣、行為及數據來源等部分設定，雖然不是所有設定但都可以參考一下。如同一廣告出現N次可在隱藏廣告揀「重複」就不會再顯示了。

## 8.18 點可以知道更多廣告興趣和喜好？

答：大家可查看自己被定義的興趣和喜好學習並優化廣告設定，在Facebook手機APP的個人帳號設定（右上的齒輪）中揀廣告偏好。

1.在廣告偏好可查看你經常看到的廣告客戶、被定義的廣告主題和設定，在底部可查看曾經隱藏過及互動過的廣告客戶。

2.在廣告設定中的「用於接觸你的類別」，可允許 Facebook 根據學歷、感情狀況、公司類型及職位向你派發廣告。

3.在最底的「其他類別」中的是 Facebook 定義你的行為及類別，可從中學到不少廣告設定及類別。

安全及風險管理

## 8.19 被Tag違反安全守則應該點做？

答：Facebook 官方絕對不會Tag專頁去通知違反社群守則，不法的釣魚網站會要你進入一個網站並輸入Facebook登入資料，一經提交便有可能喪失專頁權限，個人資料也有機會被盜用，如果遇到以上被不知名Tag不用理會便可，有心的可Report給Meta。

## 8.20 有必要裝雙重認證嗎？

答：為了防止帳號被黑客入侵，用任何社交媒體或企業平台時都建議大家用雙重驗證（Two Factor Authentication，簡稱2FA），雙重認證可協助保護你的社交媒體帳戶和密碼，即是除了日常登入的密碼外多了一個驗證碼，你可選擇使用手機SMS、第三方驗證應用程式，或兼容的裝置上的安全性金鑰，我們建議用第三方驗證應用程式（如 Google、Microsoft Authenticator 或 LastPass），可以在同一個驗證應用程式去管理多個帳戶及獲得登入碼，更重要的是如沒有雙重認證，在商業平台會被限制功能及權限。

想做好小編呢份工？

不斷打怪、

升呢及技能解鎖！

本書所提及的只是小編的基本知識，距離成為最強小編還有好長的路，小智都用 25 年先成為最強的寶可夢大師，小編要深化每個領域終身學習多睇多研究，想知小編可深化的範疇？列幾個大家感受一下。

## 社交媒體文案策劃

本書講述以Facebook及Instagram為主的社群經營手法，想進一步吸引用戶、增加粉絲和提升他們的信任和忠誠度，要定期舉辦不同的活動，保持與粉絲互動，如何策劃、制定和安排文案內容以贏取粉絲的支持，文案可能不單止在社交平台發生，有可能要做到線上線下的連動去提升轉化率。

## 社交媒體商店

Facebook及Instagram開設網店引流到購物網站，增強顧客的用戶體驗，利用AI聊天工具把用戶轉化成有價值的粉絲，再配合其他追蹤用戶的方法進行再營銷，雙管齊下一邊吸引新客戶，一邊與舊客戶保持良好的關係引發購買，令網店有健康的增長。

## 跨地區及品牌的社交平台管理

好多Agency及企業的中央組隊要同時管理多個品牌及業務的社交平台，點可以有系統地管理多個地區的數百個平台及所有員工、素材、Agency和權限？Set得早Set得好可節省人力及時間，亦方便溝通和運作，去解決各種營運的問題，最重要是如何打通品牌之間的數據，從而得到有用的Insights去優化成效。

## 社交媒體的搜尋優化

小編要識點營運社交媒體、負責網站營運、撰寫文章或跑單，對SEO及SEM不會陌生，但社交媒體的搜尋優化呢？好多Millennial及GenZ都當社交平台是搜尋器使用，點可以在搜尋時優先顯示呢？要考慮每個社交平台的特性。

## 網上媒體、KOC與KOL的管理

點樣選擇、策劃及管理網上媒體、KOC及KOL進行宣傳呢？首先要認識他們的強項，吸引各年紀和興趣的客群。小編又應該以甚麼準則去選擇符合品牌形象及跑數能力高的媒體、KOC及KOL？有甚麼合作模式方便管理及打造雙

贏局面?更有不少工具可協助小編同時管理多個KOL的發佈和溝通。

## 社群聆聽和數據分析

通過社群聆聽可以監察品牌與對手在社交平台上的討論次數、內容類型、媒體與KOL的類別,和討論的產品服務內容等。如何收集適當的數據,分析品牌和產品的定位、目標客群和宣傳策略,進一步更可通過爆紅產品被討論的數據,嘗試找出如何令產品大賣的方法。

## 公關災難的處理

遇上公關災難應如何處理?有很多新手小編或公關新手,因為網民的留言被打亂陣腳,應否刪除留言?要用打手轉風向嗎?要發聲明澄清嗎?公關災難的處理手法有很多,處理前先要認清每個單位的需求,再配合數據分析去決定每個行動的利弊,選出傷害性較低的處理手法以保護品牌形象。

還有很多很多小編要知要學的東西,如果想收到我係小編的最新動態、教學或課程等資訊,記得Like和 Follow。

Facebook專頁:
http://bit.ly/imsiupin

Instagram帳號:
http://bit.ly/imsiupin_ig

我係小編的教學網站:https://www.imsiupin.com

小編正候群群組:
http://bit.ly/imsiupin_gp

有興趣可聯絡我係小編(imsiupin@gmail.com)發表你的意見,期待有機會與大家分享其他小編深化的知識和技能,交流小編的工作心得。

#冇咩事我返去做嘢先啦

#我係小編

#imsiupin

## 火柴頭工作室
## MATCH MEDIA Ltd.
# 匯聚光芒，燃點夢想！

### 《第一次做小編就上手》

| | |
|---|---|
| 系列 | ：工商管理 |
| 作者 | ：我係小編 |
| 出版人 | ：Raymond |
| 責任編輯 | ：林日風 |
| 封面設計 | ：Andy |
| 內文設計 | ：Andy |
| 出版 | ：火柴頭工作室有限公司 Match Media Ltd. |
| 電郵 | ：info@matchmediahk.com |
| 發行 | ：泛華發行代理有限公司 |
| | 九龍將軍澳工業邨駿昌街7號 2 樓 |
| 承印 | ：新藝域印刷製作有限公司 |
| | 香港柴灣吉勝街45號勝景工業大廈4字樓A室 |
| 出版日期 | ：2023年6月初版 |
| 定價 | ：HK$128 |
| 國際書號 | ：978-988-76941-5-1 |
| 建議上架 | ：工商管理 |